ウチのワンコが長生きする!

イヌのカラダにいいこと事典

監修 臼杵新

世界文化社

はじめに

愛犬の健康と長寿を実現するために

ＱＯＬ（クオリティ・オブ・ライフ）という言葉を見聞きしたことはありませんか？直訳すると「生活の質」。どれだけ人間らしく、快適で幸せを感じる生活をしているか、という度合いを示すものです。このＱＯＬは、人間の生活だけでなく、イヌやネコなどのペットの生活においても関心を集めています。

ペットのなかでも根強い人気を誇るイヌは、ドッグフードの質の向上や医療の進歩、予防接種の普及などにより、平均寿命を延ばしています（現在は14歳程度）。人間に換算すると、70歳以上の高齢です。

飼い主としては、長生きしてほしいのはもちろんのこと、できるだけ楽しく充実した〝犬生〟を送ってほしいと思うでしょう。では、飼い主は愛犬の健康のために、なにをしてあげればいいのでしょうか？　そのヒントをまとめたのが本書です。

第1章では、イヌの「食事」について紹介しています。スーパーで売っている激安フードを食べさせてはいけません。フードの選び方、いつものフードに飽きたときの対処法、食事ダイエットの方法など、健康の元となる食事の基本を解説しました。

第2章は、「遊びと生活」の章です。わんこは遊びが大好き。飼い主と遊んでいるときが最も幸せな瞬間であり、その幸福感が健康にもつながります。正しい遊び方を知るとともに、生活のなかで生じるストレスの軽減を目指してください。

第3章では、「健康と美容」について解説しています。爪の切り方や歯磨きの仕方から、シャンプー、ブラッシングのコツ、さらにわんこがリラックスするマッサージやツボ押しなどを学びます。

最後の第4章では、「病気と医療」についての正しい知識を紹介。イヌはどんな病気にかかるのか、老いを迎えたときにどう対応すべきなのか、かかりつけの動物病院を選ぶ基準、といったことを解説しています。

また、地震をはじめとする大規模な災害に見舞われたときの対処法を、特集として加えました。

イヌを家族として迎えたからには、できるだけ長く一緒に過ごしたいもの。飼い主としては、愛犬の体のことを常日頃から考えてあげるのが義務になります。本書がイヌの健康と長寿の実現、そしてＱＯＬの向上に、少しでも役に立てば幸いです。

ウスキ動物病院院長　臼杵新

CONTENTS

イヌのカラダにいいこと事典　もくじ

第2章 楽しい毎日で生命力アップ! イヌの「遊びと生活」

第3章
元気でキレイなわんこになる！ イヌの「健康と美容」

第4章
正しい知識が寿命を延ばす！ イヌの「病気と医療」

●本書で紹介した記事内容に関しては十分な注意を払っておりますが、
安全性や効果・効能などを保証するものではございません。

●本書に記載された情報を用いる場合は、
すべてご自身の責任と判断のもとに行ってください。

●本書で紹介した情報は、すべて2021年4月現在のものです。

第1章

健康は食生活から！

イヌの「食事」

わんこの健康のためのごはんのあげ方3ヶ条！

イヌの体をつくるのは食べ物です。だからこそ飼い主は、なにを・どのように食べさせるかということに最大限の注意を払わなければいけません。まずは、ごはんのあげ方に関する基本事項を押さえておきましょう。

POINT 1 たんぱく質がいちばん重要

イヌにとって最も大切な栄養素は、動物性たんぱく質。だから、良質な肉を多く使用しているドッグフードを積極的に与えるようにしましょう。フードの選び方は 12 ～ 15 ページで詳しく解説します。

POINT 2 1日2食が基本

ネコは1日に何回も食事をしますが、イヌは1日2食が基本です。子イヌのうちは３～４回に分けてあげますが、成犬は1日２食で OK です。そしてシニア犬になり、一度に食べられる量が減ってきたら、３～４回に増やします。

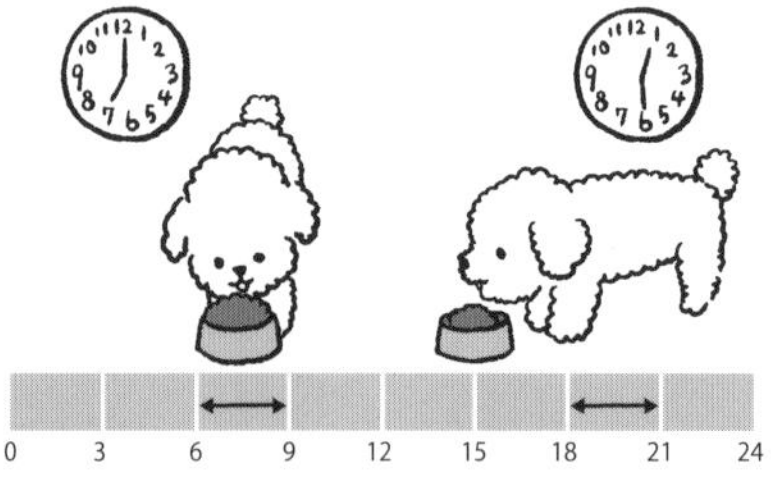

POINT 3 人間の食べ物はあげない

ご主人が食べているお菓子、とってもおいしそうだワン……。かわいい愛犬のうらやましそうなまなざしを見ると、ついつい食べさせてあげたくなってしまいます。でも、人間の食べ物を与えてはいけません。人間の食べ物は塩分、糖分、脂分が多く、イヌの体には悪影響でしかないからです。

イヌに必要な三大栄養素とは？

脂質は効率のよいエネルギー源となる

［ドッグフードの原材料］
動物性油脂、魚油、植物性油脂など

たんぱく質は体の各部位の構成成分となる

［ドッグフードの原材料］
鶏肉、大豆、卵など

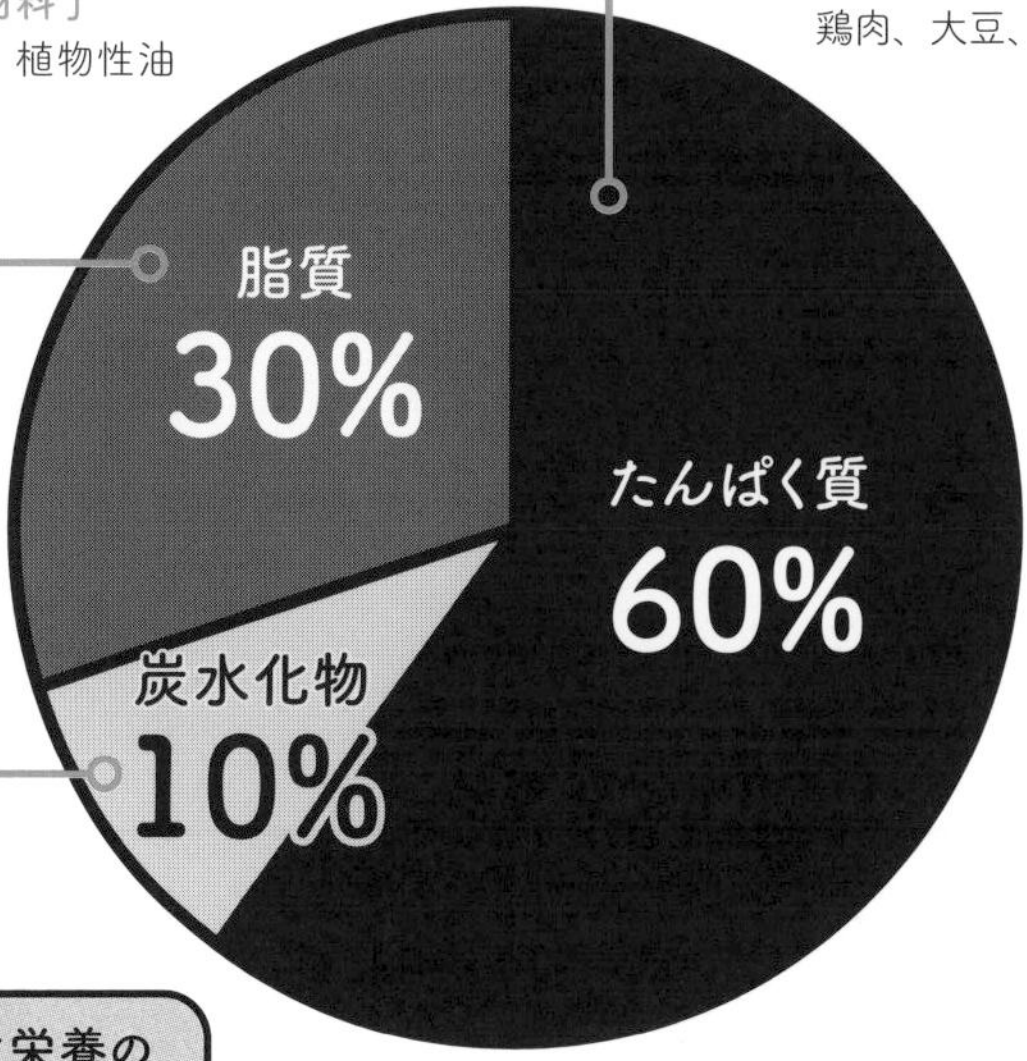

炭水化物は栄養の吸収をよくしてくれる

［ドッグフードの原材料］
トウモロコシ、米、大麦など

失敗は命にかかわる！健康によいフードの選び方

ペットショップやスーパーの商品棚には、何種類ものドッグフードが並んでいます。安いとか、内容量が多いという理由だけでなく、成分表示をチェックして納得できるフード選びをしましょう。

POINT 1 主食にするなら総合栄養食

ドッグフードは一般的な「レギュラーフード」と、上級品の「総合栄養食」に分けられます。総合栄養食はペットフード公正取引協議会の基準を満たした商品で、それと水だけで必要な栄養をとることができるようになっています。また、アメリカの基準を満たした商品は「プレミアムフード」といいます。主食にするなら、総合栄養食（プレミアムフード）を選びましょう。

POINT 2 フードラベルをチェック

総合栄養食だからといって、安心することはできません。その基準は最低限のものでしかなく、品質については商品ごとに大きな差があるからです。良質なフードかどうかはパッケージについているフードラベル（成分表示）で判断します。

POINT 3 肉の質が高い＝よいフード

イヌは肉食ですから、穀物などを消化するのは得意ではなく、そもそも多くの穀物を必要としていません。したがって、成分表示の原材料を見て、穀物よりも肉が上位に表示されているフードを選ぶようにしましょう。ただし、肉にも粗悪なものがあるので注意が必要です（詳細は14ページ）。

フードラベルを読めるようになろう

ドッグフード

●成犬用総合栄養食
●内容量　：３kg
●与え方　：成犬体重１kgあたり１日○ｇを目安として、１日の給与量を２回以上に分けて与えてください。
●成分　：粗タンパク 18% 以上、粗脂肪５% 以上、粗繊維質５% 以下、粗灰分８% 以下、水分 12% 以下
●原材料　：肉類（チキン・ビーフ）、穀物（とうもろこし・小麦）、動物性油脂、野菜類（ほうれん草・にんじん）、ミネラル類（P・Ca）、ビタミン類（A・B・C）、酸化防止剤
●賞味期限：20211231
●原産国　：日本
●販売者　：○○○○**株式会社**
〒000-0000 東京都○○区○○町 0-0-0
03-0000-0000
この商品は、ペットフード公正取引協議会の定める給与試験の結果、成犬用の総合栄養食であることが証明されています。

賞味期限

未開封のまま保管した場合の賞味期限です。

原産国

フードを最終加工した国。国産がよくて外国産が悪いとはいえませんが、中国産や韓国産は原材料や衛生面の信頼性に問題があるともいわれます。

原材料

ドッグフードには必ず原材料が記載されています。穀物よりも肉が上位に表示されているフードを選びましょう。添加物のチェックも忘れずに（ただし、原材料に使用されている添加物については、メーカーに記載の義務はありません）。

検査の有無

国産の場合、流通前に検査が行われます。

ワン プラス POINT

ドッグフードは水分の含有量によって、「ドライ」「ウェット」「セミモイスト」に分けられます。ドライは水分 10% 前後で、その固さから歯によいとされていますが、穀物の使用量が多めです。ウェットは水分 75 ～ 80% で、イヌの食いつきがよいです。セミモイストはいわゆる半生《はんなま》のフード。水分 25 ～ 35% で、肉っぽい食感が特徴です。ウェットとセミモイストには、保存できる期間が短いというマイナスポイントがあります。また、生のモチモチした食感が食欲アップにつながりますが、その食感を出すために入れている合成化合物はあまり望ましくありません。

安さ、量の多さにつられないで！悪質なフードの見分け方

総合栄養食の表示があり、肉をメインにしていたとしても、そのドッグフードが健康によく、安全なものとは言い切れません。粗悪な原材料を使い、それを香料などで隠しているものが少なくないからです。フード選びでは“安かろう悪かろう”に注意です。

POINT 1　安すぎる→ダメ！

ドッグフードメーカーとしては、商品の原価をできるだけ安くしたいので、人用には使えない最低ランクの肉や、肉の副産物などを使うことがあります。たとえば、ひづめや毛皮、さらには糞尿までを含んだ粗悪な原料でフードをつくっていることがあるのです。有名メーカーのフードと比べて「安すぎる！」と思ったら、手にしないほうが無難でしょう。

POINT 2　香料や着色料→ダメ！

香料を粗悪な原材料の使用隠しに使ったり、着色料をおいしさアピールのために使ったりすることがあります。そうした使い方をするメーカーのフードを積極的に買うのは考えものです。

POINT 3　有害な添加物→ダメ！

添加物は無害な物質もありますが、強力な酸化防止剤であるエトキシキンやBHA（ブチルヒドロキシアニソール）、BHT（ブチルヒドロキシトルエン）などはできるだけ避けたいところ。主原料のクオリティを第一にさまざまなフードをふるいにかけていき、最後に迷ったときには、保存料の有無で判断するようにするといいでしょう。

「肉」にもいろいろある

肉類

筋肉に加え、脂肪や内臓などを含めたすべての肉のことです。

正肉

骨や余分な脂肪などを取り除いた筋肉のみの肉のことです。

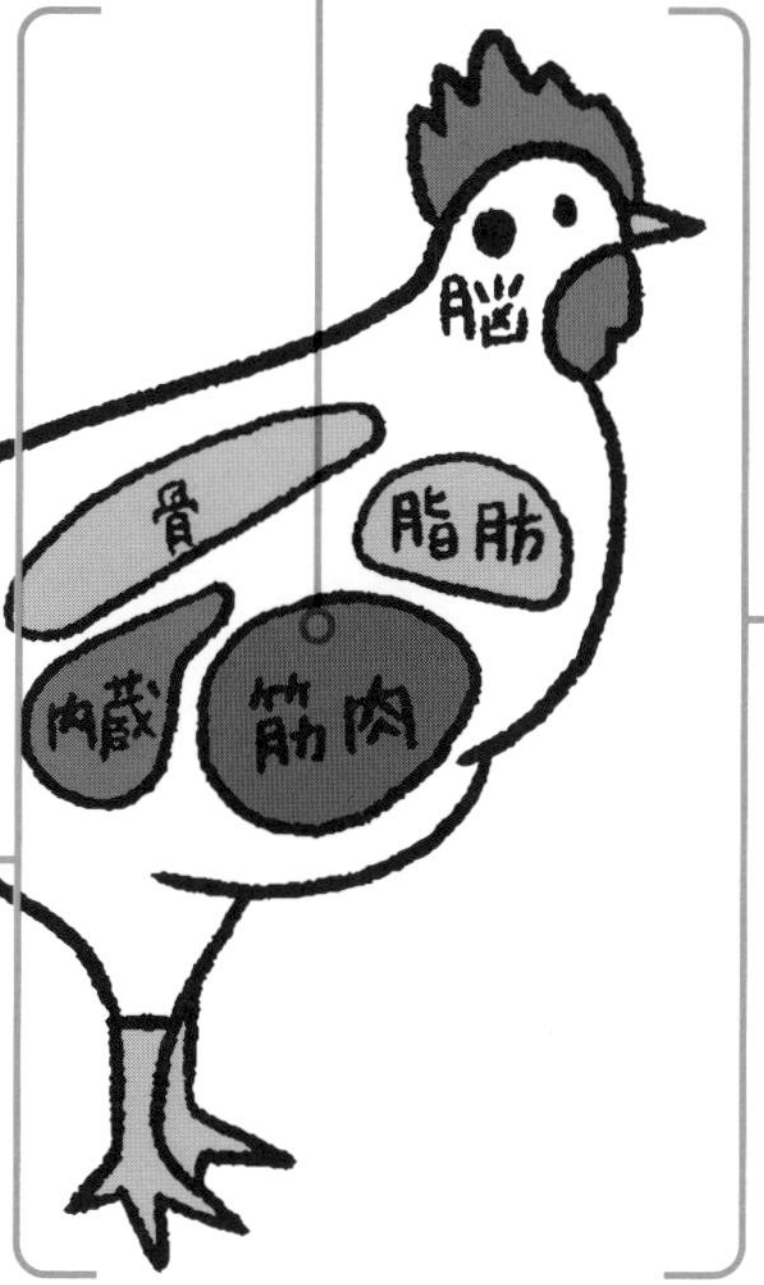

肉副産物（ミール）

筋肉以外の肉類を粉状にしたもの。ひづめ、毛皮、糞尿などを含んでいる粗悪なものもあります。

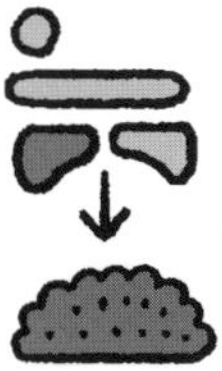

ワン プラス POINT

イヌの栄養補給の理想をいえば、正肉（筋肉）だけでなく、きちんと品質管理された内臓や肉副産物もしっかり食べるべきです。つまり、「正肉のみ使用」をうたっているフードが必ずしも優れているわけではなく、高品質な肉副産物を含んでいるものがベストということです。内臓系の栄養素を自分で補完したい場合は、もつ鍋用のもつを煮て与えたり、トライプ（反すう動物の胃の内容物）の缶詰などを副食として与えるといいでしょう。

タマネギやチョコだけじゃない
意外と知られていないNG食品

タマネギを始めとするネギ類は、絶対食べさせてはいけない食べ物として知られていますが、イヌにとって危険な食べ物はそれだけではありません。イヌが口にすることによって悪影響を及ぼしやすい食べ物をしっかり確認しておきましょう。

POINT 1 ネギ類はダメ。ゼッタイ。

ネギ類は血液中の赤血球を破壊し、急性の貧血や血色尿素などを引き起こす可能性があります。タマネギや長ネギもダメ。体重1kgあたり5～10gが一般的な中毒量とされており、食べてから数日して症状が出始めることが多いです。

POINT 2 ドライフルーツや骨にも注意

干しアンズやレーズンなどのドライフルーツは、胃のなかで水分を含むと数倍に膨れ上がり、胃拡張を引き起こす可能性があります。レーズンは膨らむうえに腎臓への毒性もあります。また、骨つきの鶏肉を与えると、とがった骨が食道に引っかかったり、胃や腸に刺さって穴をあけたりすることも。そのほか、甲殻類・貝類、チョコレート、ピーナッツ類、キシリトール、アボカドなども、イヌには危険な食べ物です。

POINT 3 万一のときは病院へ！

愛犬が危険とされる食べ物を口にしてしまった場合、すぐに動物病院で診てもらってください。食べたものがごく少量だったとしても、個体によっては中毒症状が起こることもあるので、様子見などせず、病院に駆け込むのが正解です。

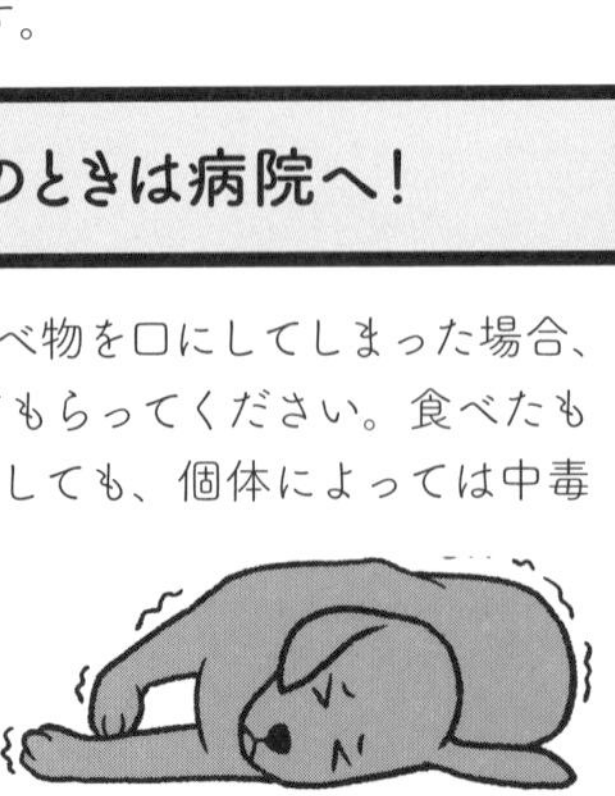

わんこのNG食品リスト

ドライフルーツ

胃のなかで水分を含むと数倍に膨れ上がります。大量に食べると胃がパンパンになり、胃拡張を引き起こす可能性も。

ネギ類

アリルプロピルジスルフィドという成分が体内に吸収されると、血液中の赤血球を破壊して貧血や血色素尿などを引き起こします。

鶏の骨

とがった骨が胃や腸に刺さってしまうと、開腹手術や内視鏡手術で取り除かなくてはいけなくなります。

甲殻類・貝類

加熱されたものは大丈夫ですが、生だとさまざまな症状を引き起こすビタミンB_1欠乏症になる可能性が。なお、魚介類ではマグロとカツオもNGです。

キシリトール

肝臓毒性があり、少量でも死に至ることがあります。人間のお菓子にも使われている甘味料です。

チョコレート

テオブロミンという成分が中毒症状を引き起こし、嘔吐や下痢、不整脈、興奮などにつながります。

ワン プラス POINT

イヌは毎日、さまざまな植物を目にしています。庭のチューリップ、アジサイ。ベランダのアサガオ、パンジー。散歩ルートに生えているユリ、ツツジ、ナンテン、キキョウ。こうした植物は毒性をもっていて、なかにはイヌの命にかかわるものもあります。口にしようとしているのを見たら、すぐに止めましょう。

おやつは基本的に不要だけど、あげるならルールを決めよう

ジャーキーやガム、チップスといったおやつをおいしそうに食べるわんこの姿は、とても愛おしいもの。その姿を見たいがために、ついつい必要以上にあげてしまいがちです。でも、イヌのおやつはあくまで嗜好品。おやつは添加物が多めに使われており、あげすぎると肥満になる可能性も高まります。ここでは、おやつの与え方を考えてみましょう。

POINT 1 おやつ担当者を決める

おやつごとに1日にあげる目安の量が決められていますが、家族それぞれが自由にあげているとカロリーオーバーになってしまいます。月曜日は自分、火曜日は父、水曜日は母などと、曜日ごとに担当を決めておけばおやつのあげすぎを防げます。

POINT 2 与えるおやつは1種類だけに

おやつを何種類もあげると、イヌは飽きずにどんどん食べ続けます。その結果、気づいたときにはおやつでおなかがいっぱいになり、ごはんが食べられない……。そんなことにならないように、おやつは1種類にしましょう。

POINT 3 ドッグフードをおやつに

“おやつ＝ジャーキー、ガム、チップスなど”と考えがちですが、ドッグフードを「おやつ」としてあげるのはどうでしょうか。1日に与える量から少し分けておやつとして与えるのです。そうすれば規定のカロリーをオーバーすることなく、肥満の心配もなくなります。

こんな「おやつルール」はいかが？

ルール1
おやつ担当者を決める

月曜日は自分、火曜日は父、水曜日は母などと、「おやつ担当者」を曜日ごとに決めておき、担当者以外はおやつをあげないようにします。こうすると、おやつのあげすぎを防ぐことができます。

ルール2
1種類しかあげない

おやつは１種類だけあげるようにします。何種類もあげるとイヌは飽きずに食べ続けますが、１種類なら早く飽きてしまいます。

ルール3
ドッグフードをおやつにする

愛犬がおやつを「もっと！　もっと！」とほしがるようなら、ドッグフードを１日に与える量から少し分けて与えるようにします。これにより、カロリーセーブが可能になります。

おいしい・楽しい手づくりごはん つくる前に知っておきたいこと

イヌの主食は、総合栄養食のドッグフードがいちばんです。「愛情たっぷりの手づくりごはんをあげたい！」という気持ちもわかりますが、栄養の面からすると既製品より優れたものをつくるのは困難です。それでも手づくりしたいなら、次のことに注意しましょう。

POINT 1 栄養バランスに気をつける

イヌは肉食ですから、動物性たんぱく質が豊富な肉や魚を中心としたメニューにしましょう。おなかを壊さないようなら生肉を与えてもかまいませんが、鮮度と衛生面には注意が必要です。また、食材の選択基準は市販のフードに使われているもの、もしくはそれに類似するものだけに限定するといいでしょう。

POINT 2 野菜はミキサーにかける

イヌは野菜の消化が苦手。実は、肉食獣は自力でそのままの野菜を消化できないのです。だから、野菜はミキサーを使って原形をとどめないようにつぶしてからあげます。見た目にはキレイでなくとも、消化はよくなります。

POINT 3 味つけをしない

わんこの手づくりごはんは、おいしさのための味つけは必要ありません。料理中に味見して、「少ししょっぱいほうがいいかな」とか「甘みが足りないな」などと味つけするのはNG。イヌは人間の味覚でおいしく感じるものをおいしいと感じるわけではないので、味より栄養バランスを第一に考えるべきです。

手づくりごはんのメリット・デメリット

デメリット②
グルメ化してしまう

飼い主が楽しいからといって、たくさんのメニューをつくってあげていると、イヌが“グルメ化”しやすくなります。いろいろなメニューを考えるのは楽しいですが、愛犬の健康には悪影響です。

デメリット①
栄養がアンバランスになりがち

わんこが１日に必要とする栄養を手づくりごはんだけで満たすのは簡単ではありません。栄養素の知識が必要ですし、食材を手に入れるのにお金もかかります。もちろん、料理する手間も時間もかかります。

メリット 添加物などを避けられる

市販のフードに入っている保存料などの添加物を避けることができます。また、アレルギーをもっているわんこの場合、その原因となる食べ物を排除することもできます（詳しくは30ページ）。

ワン プラス POINT

愛犬がアレルギー体質の子で、アレルゲン（原因物質）を避けなければならない、添加物のない安全な食事をあげたいという場合は、手づくりフードをあげてみるのがいいでしょう。なにを食べさせても下痢してしまう子が、手づくりフードにしたら治ったという例もあります。どのようなフードにするかは、獣医師に相談して決めるようにしましょう。

亜《あ》麻《ま》仁《に》油《あぶら》で必須脂肪酸を補給して キレイな毛ヅヤを保とう

動物にとって重要なエネルギー源となる脂肪。脂肪を構成する脂質を脂肪酸といい、脂肪酸のなかでも必須脂肪酸（飽和脂肪酸と不飽和脂肪酸）がとくに重要とされています。必須脂肪酸はイヌの皮膚や被毛などの健康をサポートしてくれますが、イヌの場合、体内で生成することができません。そこで与えたいのが亜麻仁油。市販の亜麻仁油で、オメガ３系の脂肪酸を補給できます。

POINT 1 亜麻仁油の効果を知る

亜麻仁油はアマの種子から搾ったオメガ３を多く含む乾性油。これをイヌが摂取すると、皮膚のトラブルを予防したり、被毛のツヤがよくなったりします。さらに免疫力や生殖能力を高める効果も。人間用でも、ペット用でも、同じ効果を期待できます。

POINT 2 フードにかけて与える

亜麻仁油の与え方は、ドッグフードに適量かけて混ぜるだけ。亜麻仁油は酸化しやすいので、与える直前にかけてください。保存は冷蔵庫などがベターです。

POINT 3 副作用に気をつける

亜麻仁油をとりすぎると下痢になったり、便がゆるくなったりすることがあります。用量・用法は、メーカーや獣医師の指示に従いましょう。なお、亜麻仁油は人間用・犬用どちらでもかまいませんが、偽物が出たことがあるので、有名なメーカーの製品を選ぶことをおすすめします。

キレイの秘密は亜麻仁油

亜麻仁油の効果

□皮膚のトラブルを予防する
□被毛のツヤがよくなる
□免疫力が向上する
□生殖能力が高まる

亜麻仁油の与え方

亜麻仁油をドッグフードに適量かけ、混ぜてから与えます。ニオイや味を気にしない子なら、そのままなめさせても OK です。

※亜麻仁油の用量・用法はメーカーや獣医師の指示に従ってください。

ワンプラスPOINT

亜麻仁油と同じ特徴をもつ荏胡麻《えごま》油や紫蘇《しそ》油もおすすめです。荏胡麻油をフードにかけて与えると、皮膚のアレルギーを抑えたり、認知症を予防する効果があるといわれています。亜麻仁油と同じく、荏胡麻油も紫蘇油も人間用の製品を与えても大丈夫です。

ヨーグルトが腸内環境を整えたり、口臭予防になることがある

イヌは体内で乳糖を分解できないため、牛乳を飲むとおなかを壊すことがあります。でも、乳製品であるヨーグルトは、発酵の過程で乳糖が分解されているため与えても大丈夫。腸内環境の整備や口臭予防などに効果があるといわれています。ヨーグルトは、イヌにとっても健康食品になりうるのです。

POINT 1 ヨーグルトはスゴい！

ヨーグルトはわんこの腸内環境を整えたり、消化を助けてくれたりします。さらに口臭予防に効果があるともいわれています。

POINT 2 体質にあうかを確認する

イヌのなかにはヨーグルトとの相性がよくない子もいるので、初めてあげるときは少しずつ与え、アレルギー反応が出たりしないかを確認します。1日に与える量は小さじ2杯まで（体重5kgのイヌの場合）。あげすぎに注意しましょう。

POINT 3 無糖・低脂肪のものをあげる

市販の人間用ヨーグルトを与えてOKですが、砂糖やフルーツなどが入っているものはダメ。糖分が多く、肥満につながりますし、ブドウやレーズン、イチジク、キシリトールなどが中毒を引き起こすケースもあるからです。無糖のプレーンヨーグルト、できれば低脂肪（または無脂肪）のものを選んでください。

ヨーグルトはメリットいっぱい

メリット1
消化を助ける

ヨーグルトに含まれているたんぱく質が乳酸菌によってペプチド類に分解され、消化吸収を助けます。

メリット2
腸内環境を整える

ヨーグルトに含まれる乳酸菌が腸内の悪玉菌の発生を防ぐなど、腸内環境を整えます。

メリット3
口臭予防

腸内環境の悪化は口臭の原因になりますが、ヨーグルトの整腸作用により口臭を防ぐことができます。

メリット4
皮膚の健康を保つ

ヨーグルトに含まれているビタミンAやB_1は、皮膚の健康維持に貢献します。

ワン プラス POINT

イヌに牛乳を与えるかどうかは、慎重になる必要があります。先に述べたように、牛乳でおなかを壊すことがあるため、積極的にあげる必要はありません。ただし、絶対にダメかというとそうでもなく、少しあげてみて、とくに問題がなさそうであれば、与えても大丈夫でしょう。たくさん飲ませると、肥満になりやすいので気をつけてください。

いつものフードに飽きたときの食欲アップ作戦

イヌは甘い・すっぱい・塩辛いの３つしか味を感じられない“味オンチ”で、味覚をおいしさの基準としていません。そのため、毎日同じ味のドッグフードを食べ続けることができるのですが、飽きてしまうこともあります。そんなときは、フードを温めたり、トッピングしたりすると食いつきがよくなります。

POINT 1　温めて香りを強くする

イヌは味覚が鈍い代わりに嗅覚はバツグンで、主に香りで食べ物を判別しています。そこでフードを温め、香りを強くすると、わんこの敏感な嗅覚が反応し、食欲がかき立てられます。

POINT 2　温める温度は40℃前後

ウェットフードを温めるときは、電子レンジで数十秒でOK。40℃前後（人肌程度）がわんこにとってのベストです。それ以上の温度になると、熱くて食べにくいですし、フードに含まれている酵素などの栄養素が壊れてしまうからです。ドライフードはお湯でふやかして温めます。

POINT 3　トッピングも効果あり

いつものフードにふりかけをかけると、食欲がアップします。ニオイの強いもののほうが効果的です。ふりかけだけ食べてしまわないように、よくかき混ぜてあげましょう。

ドッグフードの温め方

ウェットフードはレンチンで

１回分の量のフードを器に入れ、ラップをします。それから電子レンジで数十秒温め、人肌程度に。熱が片寄らないように、よくかき混ぜましょう。

ドライフードはお湯で

１回分の量のフードを器に入れ、40℃前後のお湯を注ぎます。お湯の量はフードがひたるくらいで十分です。10 ～ 15 分後には簡単につぶせるくらいふやけています。

ワン プラス POINT

人間がフードのニオイを嗅いで「おいしそう！」と感じたとしても、それがイヌの健康にいいとは限りません。実は、人間の好みにあわせて、体によくない香料が入っていることがあるのです。フードのニオイの良し悪しよりも、成分チェックを重視すべきです。

いろいろなフードを食べたい！ ローテーションで食欲をキープ

愛犬がいつものドッグフードに飽きてしまったら、別のフードに切り替えるのも手です。でも、やがてそのフードにも飽きてしまう可能性が……。そんなときは、何種類かのフードを一定期間ごとに替えるフードローテーションを試してみると効果があるかもしれません。ただし、フードローテーションにはデメリットもあることを忘れずに。

POINT 1 季節にあわせて替える

日本には四季があります。それにあわせて４種類のフードを用意し、ローテーションしていきます。急な切り替えをせず、いつものフードに新しいフードを少しずつ混ぜながら、新しいフードの割合を増やしていくのがコツです。１日２食を朝夕で変更する方法もあります。

POINT 2 基本のフードを決めておく

長期間食べていたフードや、安定して食べてくれるフードをベースにします。それが決まっていれば、切り替えたフードを食べなくなったとしても、いつでも戻せるという安心感につながります。

POINT 3 切り替えすぎはNG

１ヶ月の間に４種類も５種類もフードを替えてはいけません。同じものを長期間食べ続けるとアレルギーを引き起こしやすいですが、切り替えすぎてもアレルギー源となる食材に“うっかり出会ってしまう”可能性が高まります。

ローテーションの例とメリット・デメリット

朝夕でローテーション

季節ごとにローテーション

メリット

□食欲がアップする
□栄養の偏りを防ぐことができる
□アレルギーのリスクを回避できる
□添加物の過剰な蓄積を防ぐことができる

デメリット

□胃腸に負担がかかり、下痢や消化不良の原因になる
□アレルギーを発症した場合、原因物質の特定が難しい
□イヌがグルメ志向になりがち

プラスワンPOINT

ドライフード、ウェットフード、セミモイストの３つのうち、イヌに最も人気があるのは、香りのよいウェットフードで、実際においしさ満点です。その次はセミモイスト、ドライフードと続きます。そのため、ウェットフードやセミモイストを与え続けていると、それらのおいしさを覚えたイヌは、ドライフードを食べなくなることがあります。ローテーションするなら、そのことにも注意しましょう。

イヌにもアレルギーがある！
症状が出やすい食べ物とは？

人間同様、イヌのなかにもアレルギー体質の子がいます。体を激しくかき続けたり、皮膚に炎症ができてなかなか治らなかったりする場合は、アレルギー反応を起こしている可能性が考えられます。アレルギーの原因物質（アレルゲン）のひとつは食べ物。「アレルギーかな？」と思ったら、疑わしい食べ物を排除してみましょう。

POINT 1 アレルギーの症状を知る

アレルギーの代表的な症状は皮膚の疾患です。やたらと体をかゆがる、異常にフケが出る、抜け毛が増える、顔の周囲（目や口、耳など）や股の内側などが赤くなる、下痢や嘔吐が見られるといった様子を確認したら、アレルギーを疑うべきかもしれません。

POINT 2 食べ物が原因になりがち

アレルギーの原因がなんなのかは、検査をしないとはっきりわかりませんが、アレルゲンになりがちな食べ物はあります。牛肉、鶏卵、乳製品、小麦、大豆などです。

POINT 3 獣医師の指導を受ける

アレルギー対策としては、使用する食材を限定した「除去食」や、たんぱく質を分解して免疫システムに反応しないようにした「加水分解食」など、低アレルゲンのドッグフードを与える方法があります。でも、素人考えでアレルゲンに目星をつけて、そうしたフードをあげたとしても逆効果になることがあるので、必ず獣医師の指導にしたがって進めてください。なお、低アレルゲンのドッグフードを与え始めてから効果が出るまで２〜３ヶ月かかることもあるので、長い目で様子を見てください。

アレルギーが出たときにチェック対象となる食べ物

※アレルギー反応が出なければ、これらを積極的に回避する必要はありません。

卵

白身に含まれているアビジンを摂取し続けると、アレルギーになりがちです（アビジンはゆでると不活性化します）。コレステロールも多いため、シニア犬は避けたいところ。たんぱく質だけを摂取したいなら、ゆでた白身を細かく刻んでフードに混ぜましょう。

小麦・トウモロコシ

グルテンがたくさん含まれています。グルテンを消化しにくいわんこがたまにいて、食べ続けているとアレルギーを誘発することもあります。

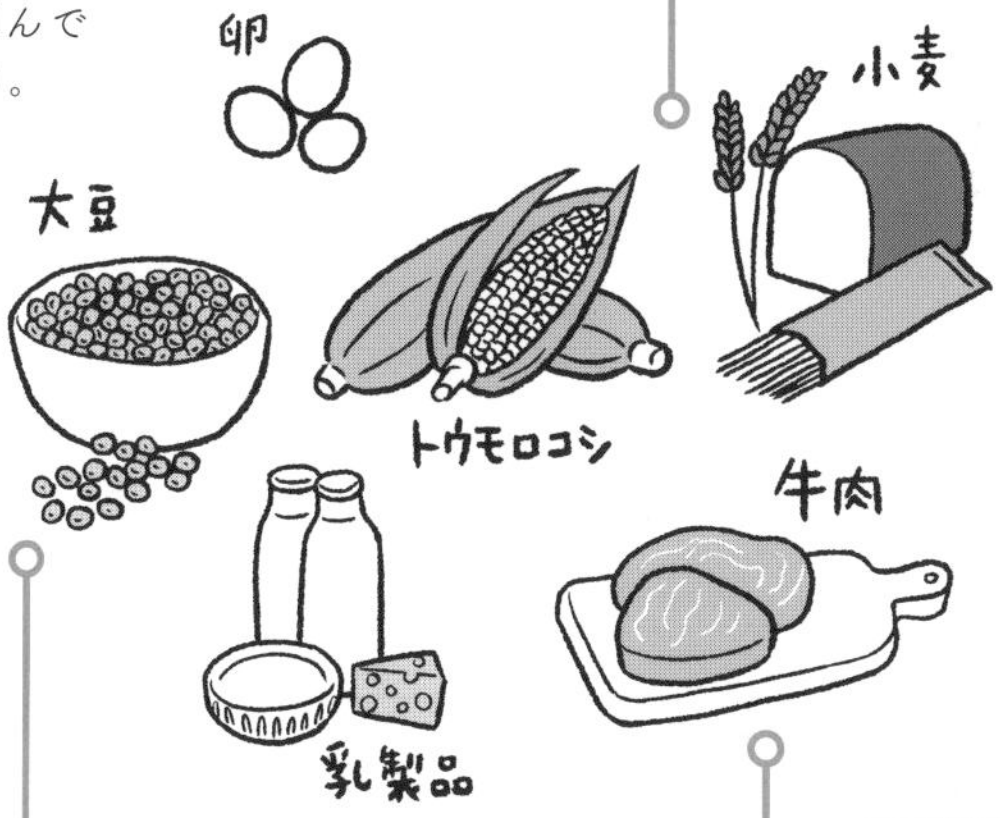

大豆

栄養価は高いのですが、たんぱく質が多いため、アレルギー反応を起こしやすいといわれています。

乳製品

牛乳をはじめとする乳製品にアレルギー反応を示すわんこがいて、主に皮膚に症状が現れます。さらに下痢や嘔吐などを起こす子も見られます。

牛肉

肉類のなかで、わんこが最もアレルギー反応を起こしやすいといわれており、通常のフードにはあまり入っていません。そのため、アレルギーが出たときにチェックの対象になりやすい傾向があります。

ワン プラス POINT

アレルゲンになるのは食べ物だけではありません。首輪、服、毛布、カーペット、ソファーなど、わんこが身につけるものや体にふれるものによって、アレルギー反応が引き起こされることもあります（102ページ）。

ダイエットは激しい運動ではなく食事制限がキホン

肥満は万病の元。これは人間もイヌも同じです。わんこのダイエットは運動より食事制限がメイン。わんこをスリム化するには、市販されている低カロリーのダイエットフードを利用する、ゼロカロリーに近い食材を使うなどの方法があります。

POINT 1 まずは獣医さんに相談

肥満は手ごわく、ダイエットに成功するのは想像以上に難しいもの。無理な減量は栄養失調につながるので、かかりつけの動物病院に相談し、獣医師のアドバイスに従って目標体重に近づけていくようにしましょう。

POINT 2 ダイエットフードを利用

毎日のフードの量を減らすだけだと、食に対する執着の強い子の場合、がまんしきれずストレスをため込んでしまいます。その点、低カロリーのダイエットフードは「食べたぞ！」という満腹感を得られますし、栄養面の不安も解消されます。年齢や体調に応じた銘柄を選んでください。

POINT 3 かさましフードをあげる

毎日のフードにゼロカロリーに近い食材、たとえば野菜のみじん切りやしらたき、寒天などを混ぜて与えます。かさましフードです。これなら満腹感を得られますし、ストレスになることもありません。

かさましフードのつくり方

寒天

数cmのさいの目切りにします。あまりに量が多いとおなかを壊すので注意しましょう。

しらたき

ゆでてアクを抜いてから、１～２cmのぶつ切りにします。

野菜のみじん切り

キャベツや大根、レタスなどを小さく刻みます。生のままでおなかを壊すようであれば、ゆでてやわらかくしてもかまいません。

フードに混ぜる

かさましは、最初は少量から始めます。それで愛犬に変わった様子がなければ、フードの２～３割まで増やしましょう。

プラス ワン POINT

イヌは成犬になると基礎代謝が落ちます。それに過食や運動不足が重なって、肥満につながるのです。また去勢・避妊手術をしたイヌも太りやすくなる傾向が見られます。肥満は糖尿病を始めとするさまざまな病気につながるので、早めに解消しましょう（詳しくは82ページ）。

歳をとったわんこには、食事でもちょっとした工夫を

イヌは10歳くらいから老化が加速し始めます。代謝や消化機能も衰えるため、若いときに比べると、食欲が減退するかもしれません。そんな様子が見られたら、食事に工夫をしてあげるといいでしょう。

POINT 1 フードの切り替えは急がないで

ペットショップには7歳以上用、10歳以上用、14歳以上用などとシニア用のドッグフードが並んでいますが、とくに病気などがないなら、無理に替える必要はありません。低たんぱくのシニア用フードは、老化を促進させやすいので、基本的には、それまで食べてきたフードのままでいいでしょう。フードを切り替えるのは、「明らかに切り替えたほうがいい」という理由があるケースのみ。そのときも急がずにゆっくり切り替えます。

POINT 2 高たんぱく・低脂肪・低カロリー

肝臓や腎臓に問題がない場合、高たんぱく・低脂肪・低カロリーの食事を心がけましょう。たとえば、ゆでた鶏のササミやゆで卵の白身を細かく刻み、フードに加えてあげます。高たんぱく・低脂肪・低カロリーの、理想的な“シニアめし”になります。

POINT 3 必要な成分をサプリで追加

老化の兆候が見られた場合、それをフォローする成分が含まれた姉妹品のフードを追加したり、サプリメントを添えたりします。

シニア犬へのごはんのあげ方

成犬時代

普通のカロリーの食事を１日２回に分けて与えます。

シニア犬時代

高たんぱく・低脂肪・低カロリーの食事を３～４回で与えます。

ワンプラスPOINT

わんこは床に置かれたごはんを、頭を下げた状態で食べますが、シニア犬はそれが簡単にできません。筋力の低下や関節の痛みなどが原因で、その体勢がつらいのです。少しでもラクに食事ができるように、ごはんや水の皿の高さを調整できるフードボウルを用意してあげましょう。または、皿の下に雑誌などを置いて、ちょうどいい高さにしてあげてもいいでしょう。

硬水はあげちゃダメ！イヌの飲み水は軟水にする

食事と一緒に、毎日必ずあげている水。イヌやネコにミネラルの豊富な硬水を飲ませると、尿路結石のリスクを高めてしまうことはもはや常識になっていますが、軟水ならば水道水でも大丈夫なのでしょうか？　ここではわんこの飲み水について考えてみましょう。

POINT 1　硬水はNG！

硬水はミネラルを多く含んでいます。イヌに飲ませるとカルシウムとマグネシウムの過剰摂取となり、下痢を起こすことがあるだけでなく、尿路結石になるリスクが高まります。イヌの飲み水は軟水にしましょう。

POINT 2　水道水でもOK！

日本の水道水、あるいは国産のミネラルウォーターはほとんど軟水で、イヌが飲んでも安心・安全です（離島の水はミネラルを多く含んでいることがあるので注意）。ペットボトルに入った天然水も、軟水ならば問題ありません。

POINT 3　水を飲まないなら煮汁をあげる

尿路結石を患っていたり、下痢で脱水ぎみだったりするわんこは、水分を通常より多めにとらなければいけません。そんな状況なのに水を飲まないようであれば、肉をゆでた後の煮汁や、かつおぶしでとっただし汁をあげると、飲んでくれることがあります。

水道水のカルキ（塩素）臭を消す方法

水道水にはカルキ（塩素）が入っています。それは安全の証しでもあるのでイヌに与えて問題ありませんが、カルキのニオイを気にして水を飲まないようなら次の方法を試してみましょう。

くみ置きをする

水道水をバケツやペットボトルに入れて太陽光を当て続けると、晴天の日なら数時間でカルキが抜けます。

煮沸する

水道水を煮沸すると、15 ～ 20 分でカルキを抜くことができます。

※カルキを抜くと水が腐りやすくなるので、なるべくなら抜かずに飲ませましょう。

ワン プラス POINT

ペットショップには、ペット用の高価な水が売られています。説明書にはそれらしい効能が書かれていますが、現代科学では説明できないような怪しい内容の商品もちらほら。イヌにあわない水をあげると、思いも寄らないトラブルにつながることもあるので、“エセ科学”の商品にはくれぐれも注意しましょう。

食事のことで悩んだら ペットフーディストに相談してみよう

イヌにとって食事はとても幸せな時間なのですが、さまざまな問題を引き起こすものでもあり、飼い主には常に悩みがつきまといます。そんなわんこのごはんについて力強い味方になってくれるのがペットフーディストです。ペットフーディストはイヌやネコの食の専門家。彼らに相談してみると、食事の「困った」を解決へと導いてくれるかもしれません。

POINT 1 ペットショップなどにいる

ペットフーディストとは、イヌやネコの食性、栄養、さまざまな食事スタイルのメリット・デメリットなどに詳しく、飼い主に適切なアドバイスをする資格をもった人のこと。ペットショップの店員、トリミングサロンの従業員、さらに動物看護師などに有資格者が多いです。

POINT 2 悩みごとを聞いてくれる

自宅でダイエットや病気療養をするときなど、わんこの食事に関する疑問点や困りごとが出てきたら、ペットフーディストに相談してみましょう。プロとして適切に対応してくれます。

POINT 3 食事セミナーに参加する

ペットフーディストによる食事セミナーや講演活動なども行われています。参加すれば、イヌの食事に関する幅広い知識を身につけられるかもしれません。

こんなときはペットフーディストが頼りになる

食のトラブルが起こったとき

食いつきがよくない、食べムラがある、食べると嘔吐してしまうといったさまざまなトラブルへの対処法を教えてくれます。

イヌの食事全般について

イヌの食性や栄養をふまえて、ドッグフードの選び方から手づくりごはんのレシピまでをアドバイスしてくれます。

病気療養や介護のとき

疾病ごとにどんな食事を与えればいいか、介護期にどのように食事を与えるべきかを教えてくれます。

ワンプラスPOINT

ペットフーディストは一般社団法人日本アニマルウェルネス協会が認定する民間の資格で、資格を取得しても１年ごとの更新が義務づけられています。そうすることにより、有資格者のレベルを高い状態で維持することができているのです。

お散歩大好き!

第2章

楽しい毎日で生命力アップ!
イヌの「遊びと生活」

正しくほめてしかることで賢くて健康なわんこに成長させよう

人間はほめれば気分がよくなり、しかれば落ち込みますが、それはイヌも同じ。ただし、ほめ方・しかり方を間違えれば、わんこは賢くなりませんし、ストレスをため込んで不健康になることもありえます。正しくほめ、正しくしかれる飼い主を目指しましょう。

POINT 1 ほめると賢くなる

いいことをしたときにほめてあげると、わんこは「どうしたらもっとほめてくれるか」と考え、賢い子に育つ可能性が高まります。

POINT 2 しからないのもダメ

悪いことをしたのにしからないでいると、わんこは「その行動をしてもいいんだ」と思い込み、同じことを繰り返してしまいます。どんなにかわいい子であっても、悪いことをしたらしかるようにしましょう。

POINT 3 強くしかりすぎない

わんこを強くたたいたり、怒鳴りつけたりするしかり方は正しくありません。しかり方が強すぎると、わんこにトラウマを与え、心に深い傷を負わせてしまうからです。心の傷を取り除くのは簡単ではないですし、飼い主との関係も壊れてしまうので、くれぐれも気をつけてください。

POINT 4 正しくしかる

イヌをしかる際は、イヌのしかり方をまねするといいといわれます。目上のイヌが目下のイヌをやり込めるように、取っ組みあって押さえ込んだり、噛みついたりする方法です。体を痛めつけず、精神的な敗北感を味わわせるのがコツです。

正しいほめ方・しかり方

心からほめる

いい行動に対しては、とことんほめてあげてください。ほめ言葉は「かわいいよ、グレース！」でも、「いい子だね、グレース」でも、「お利口だね、グレース」でもなんでもOK。そして、ワシャワシャとなでてあげます。

名前を呼びながらほめる

ほめ言葉をかけるときには、必ず名前を呼ぶようにします。わんこは自分の名前をわかっています。

しかるときは現行犯で

イタズラなどの悪事を見つけて、時間をおいてしかるのはダメ。わんこはどうしてしかられているのか理解できません。見つけたら、その場でしかりましょう。

感情的にならない

怒りに任せて、大声で怒鳴りつけてはいけません。感情的にならず、低い声で「これは悪いことなのよ」と説明するように言い聞かせます。

イヌのしかり方を参考に

押さえ込んだり、噛みついたり、イヌがイヌをしかるようなやり方をまねしてみましょう。

お出かけ大好き！愛犬がもっと喜ぶ散歩の仕方

多くのイヌは毎日の散歩を楽しみにしています。イヌにとって、ご主人と一緒に外を歩くのは至福の時間なのです。でも、飼い主にとって散歩の悩みは尽きません。どれくらいの距離がいいのか、時間帯はいつがいいのか、動かなくなったときの対処法は……。ここでは散歩の基本について解説します。

POINT 1 愛犬の運動量を考える

イヌは犬種によって運動量が異なり、1日あたりに必要な散歩の回数や時間が違ってきます。小型犬の散歩の目安は1日1回、30分前後。中型犬は小型犬より運動量が必要で、1日2回、30分以上が目安となります。体の大きな大型犬は1日2回、1時間以上を目安とし、できればドッグランなどで自由に走り回らせてあげたいところです。

POINT 2 時間帯に気を遣う

夏は気温の低い早朝や夜に散歩します。灼熱の太陽は愛犬を熱中症に陥らせますし、高温のアスファルトは肉球を火傷させてしまいます。真夏は夜でも蒸し暑いので要注意です。冬は昼間の暖かい時間帯が理想。都合がつかなければ防寒対策をして出かけましょう。

POINT 3 シニア犬に無理は禁物

イヌもシニアになると体力が衰えます。若い頃と同じ距離、同じ時間散歩させていると、関節のトラブルなどにつながりかねないので、無理をさせないように気をつけてください。

ついついしがちな散歩のまちがい

無理矢理動かさない

散歩中にいきなり動かなくなってしまうのも、イヌの散歩あるある。わんこのわがままで動かないときは、動き出すまで待ちます。なかなか動かなければ、動いたタイミングでフードを与え、動くといいことがあると覚えさせてください。無理矢理引っぱると、愛犬との関係がギクシャクするきっかけになりかねないのでご注意を。

伸縮リードは使わない

広場や河川敷などで伸縮リードを使えば、愛犬を自由に走らせることができます。飼い主にもイヌにもありがたいアイテムではあるのですが、これを通常の散歩で使うのは危険です。イヌの突発的な行動により、事故にあうケースが少なくないのです。街なかや車道沿いの散歩では使わないほうがよいでしょう。

散歩のハードルをあげない

「散歩」という言葉を発した瞬間、あるいはリードをもった途端、嬉しすぎて興奮度マックスになるわんこがいます。飼い主としても喜ぶ愛犬を見るのは嬉しいものですが、興奮しすぎて外に飛び出したりしてしまうと危険です。室内や庭で軽く遊んでから出発するなど、ワンクッションおいてから出かけると、興奮を抑えることができるかもしれません。

わんことの綱引き禁止

散歩は飼い主主導で行いますが、わんこにリードを引っぱられてしまうことも珍しくありません。飼い主としては引っぱり返したくなりますが、そこはがまんして、いったん止まりましょう。飼い主が止まれば、わんこも一緒に止まります。

首や皮膚に負担をかけない優れものの首輪・ハーネスを探そう

イヌの散歩には、首輪とハーネスが欠かせません。でも、その選び方を間違ってしまうと、愛犬に大きな負担を強いることに。愛犬を苦しませないように、イヌのことを考えたものを選びましょう。

POINT 1 選び方をまちがえないで！

正しい首輪・ハーネスを選ばないと、つけた下の部分に湿疹ができたり、脱毛を起こしたりすることがあります。ひどい場合は、皮膚がすり切れ、潰瘍になってしまうケースも見られます。

POINT 2 首輪とハーネス、どっちにするか

首輪とハーネスの使い分けに悩むことがあるかもしれませんが、ほとんどのイヌは首輪でOK。引っぱりグセがある子、吠えグセがある子、しつけが未熟な子は、とくに首輪がおすすめです。一方、柴犬やフレンチブルドッグといった首輪がすぽっと抜けやすい犬種や、首輪をつけて引っぱると気管支や呼吸器官に負担がかかる小型犬には、ハーネスがおすすめ。胴部分に装着するハーネスは、力が分散されるため、首輪ほど負担がかかりません。ただし、ハーネスはわんこが引っぱりやすい形状になっています。わんこが散歩中に力いっぱい引っぱって、足の裏がすりむけてしまうこともあるので気をつけましょう。ハーネスは、散歩の速度を調整できるようにしつけてから使うようにしたほうがいいかもしれません。

首輪・ハーネス選びのチェックポイント

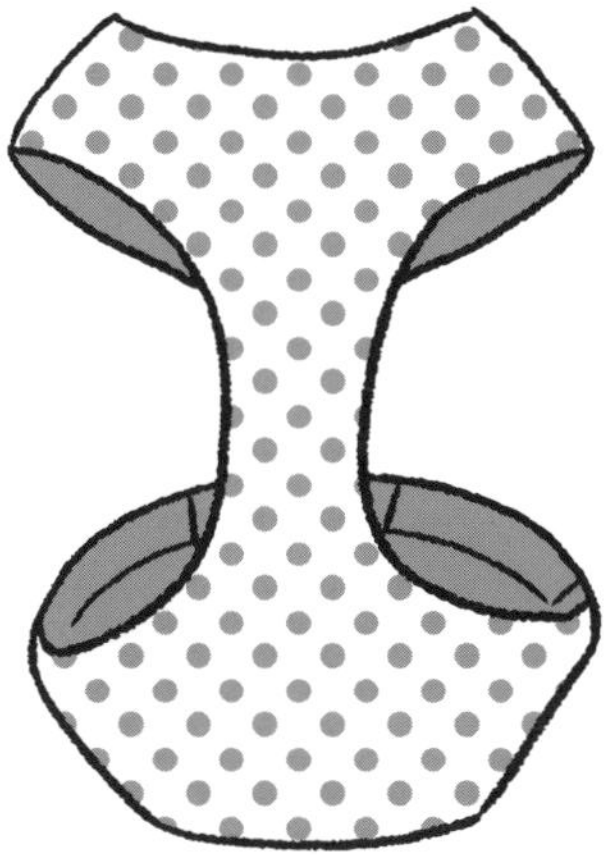

ハーネス

首輪が抜けやすい、首輪をすると咳が出てしまうわんこはハーネスがベター。

□接触面が幅広く、やわらかい
　→ GOOD！
□しめつけが苦しくない
　→ GOOD！
□接触面が細すぎる
　→ NG
□接触面が粗すぎる
　→ NG

首輪

引っぱりグセがあるわんこなどを除き、ほとんどのわんこは首輪で大丈夫。

□首との接触面が幅広くてやわらかい
　→ GOOD！
□首との接触面が細すぎる
　→ NG
□首との接触面が粗すぎる
　→ NG
□付属のチャームなどが大きすぎる
　→ NG

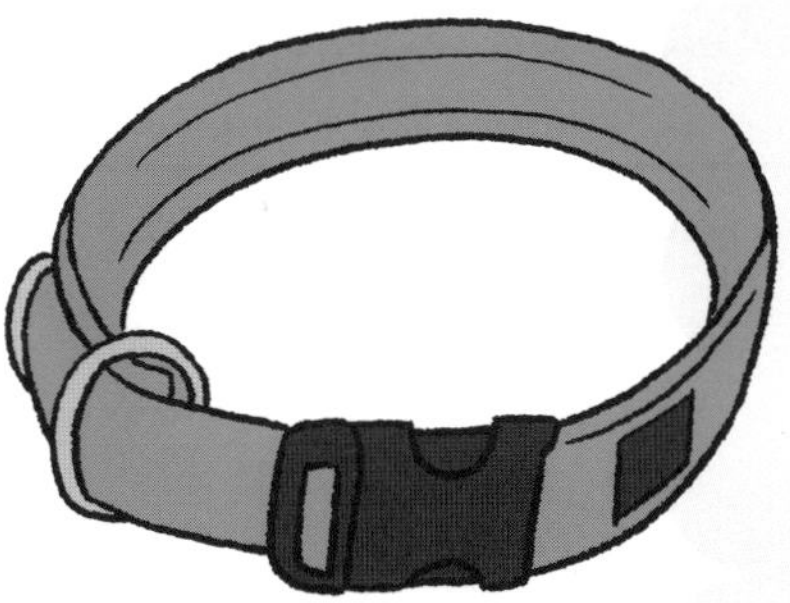

ワン プラス POINT

シニア犬の場合は、首輪よりハーネスのほうがおすすめです。老化が進むと、若い頃はなんでもなかった首輪を、負担に感じるようになる子が少なくありません。呼吸も若いイヌよりシニア犬のほうが浅いため、首輪では首や気道への負担になります。歳をとったら、ハーネスの使用を考えてあげましょう。

寒い日の散歩の前には
ストレッチでウォームアップがおすすめ

冬の寒い日にはイヌの体がこわばり、動きが鈍くなります。とくにシニア犬は体が冷えやすく、環境の変化に順応しにくくなっているため、関節や筋肉の動きが硬くなります。また、暖かい空間から寒い空間に一気に移動すると、ヒートショックと呼ばれる突発性の心臓疾患を起こすことも。寒い日の散歩前には、ウォーミングアップやストレッチをして、怪我を予防しましょう。

POINT 1 遊びでウォーミングアップ

散歩前、室内で適度に遊ぶと体が温まります。軽く追いかけっこしたり、歩き回らせる程度で十分。血行がよくなり、外との温度差による体の負担が減少します。

POINT 2 ストレッチで体を温める

ストレッチをすることにより、硬く縮こまってしまった関節や筋肉がほぐされ、動きやすくなります。シニア犬の場合は、ストレッチを行う前に、蒸しタオルなどで関節を温めると、より効果がアップします。

POINT 3 無理は禁物！

ストレッチをやりすぎると、怪我や病気につながります。曲がらない方向に曲げたり、強く伸ばしたりするのは厳禁です。決して無理をせず、わんこの体力や体調にあわせて加減してください。

脚の関節をほぐすストレッチのやり方

①座った状態で自分の両脚を開き、その間に仰向けに抱えたわんこを入れます。

②自分の体のほうに、わんこの前脚を力を入れずにゆっくり丁寧に伸ばします。後ろ脚を上に持ち上げないように注意してください。

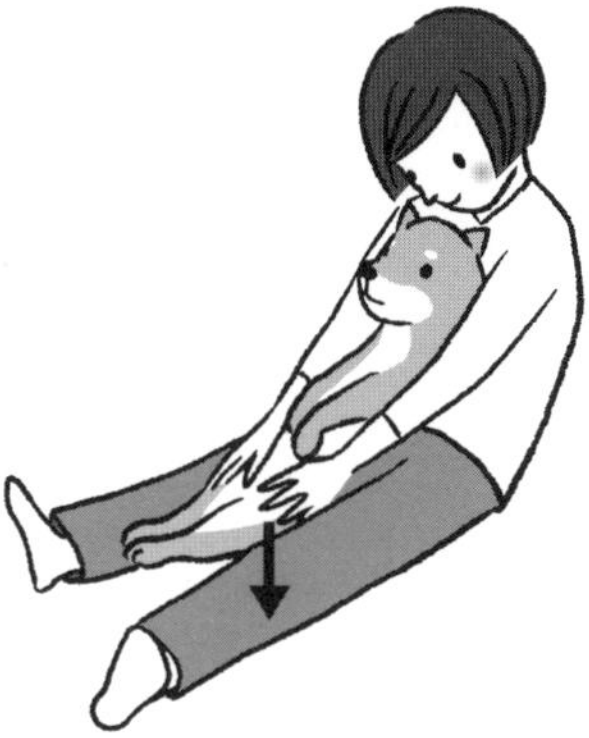

③後ろ脚の膝を軽くもち、床のほうに向けて少しずつ丁寧に押して伸ばします。

④①〜③の流れを１回ずつ行い、それぞれの関節をほぐしていきます。
「ゆっくり、丁寧に」を心がけ、絶対に無理をしてはいけません。

なお、関節からコキコキと音がしたら脱臼している可能性もあるので、かかりつけの獣医師に報告するのがベターです。

たまに長時間遊ぶより、短時間でも毎日遊びたい！

イヌは遊びが大好き。それは、イヌにとって遊びは本能である捕食行動への欲求を満たすとともに、ストレスを解消する大事な行為だからです。飼い主にとってもかわいい愛犬とコミュニケーションをとる絶好の機会ですから、できるだけたくさん遊んであげるようにしましょう。

POINT 1　飼い主が遊ばれてはダメ

愛犬に「遊んで！」とせがまれて、いつもそのとおりに遊んであげていると、主導権はわんこのほうに行ってしまいます。そして、遊びの欲求が満たされないと、問題行動を誘発することも……。本来は遊びを始めるのも終えるのも、飼い主主導であるべき。愛犬が遊びに誘ってきたら、たとえば「待て」をさせてから遊んであげるようにすると、主従関係を維持することができます。

POINT 2　「遊びだめ」は逆効果

ふだんあまり遊んであげられないからといって、休日に長時間遊んでいる飼い主さんはいないでしょうか。いわゆる「遊びだめ」です。気持ちはわかりますが、あまりに長時間遊んでいると、わんこが疲れてしまいます。

POINT 3　遊ぶ時間は短くてもOK

愛犬との遊びタイムは、毎日設けてあげてください。短時間ずつでもかまいません。毎日遊ぶ時間をつくり、愛情を交換するのが大切です。わんこが「もっと遊んで！」と思うくらいのところでやめておくと、次に遊ぶときの喜びが増すでしょう。

「遊びだめ」せず、毎日少しずつ遊ぼう

○

毎日遊んであげると……

毎日遊んでもらっているわんこは、いつも生き生きしています。短時間でもご主人とふれあえるのがわんこの喜び。できるだけ毎日愛犬と遊ぶようにしてあげてください。

×

遊びだめすると……

人間が休日に「寝だめ」できないのと同様に、イヌも「遊びだめ」できません。飼い主がここぞとばかりに長時間遊んであげても、わんこは疲れてぐったり。遊んでもらえない平日は退屈でストレスをため込んでしまいます。

プラス ワン POINT

イヌの先祖はオオカミですが、その後、品種改良がなされ、狩猟犬になったり、牧羊犬になったり、使役犬になったりと、それぞれが異なる道を歩んできました。そのため、犬種によって好きな遊び・興味のない遊びが違います。たとえば、レトリーバーやポインターなどは狩猟の本能をかきたてられるボール遊びが好きです。一方、ダックスフンドやテリアといったアナグマ猟をしてきたイヌは、ボール遊びよりも穴掘りのほうが好きだったりするのです。

ライフステージごとに適した遊び方を考える

イヌの遊び好きは生涯変わりませんが、ずっと同じ遊び方で満足できるわけでもありません。年齢を重ねるとわんこの興味・関心、体力が変化するので、子犬のとき、成犬になってから、そして熟年期に入ってからと、遊び方が変わります。その変化に対応してあげることが飼い主に求められるのです。

POINT 1 子犬時代→なんでもあり!

生後5ヶ月頃までが子犬時代にあたり、好奇心旺盛な子犬はありとあらゆる遊びをしたがります。飼い主は愛犬がなにをしても困らないような環境をつくり、思う存分楽しませてあげてください。

POINT 2 成犬時代→運動系を

イヌは1年半～2年で成犬になります。3歳くらいまでは運動系の遊びを好むので、追いかけっこ、引っぱりっこ、ケンカごっこ、キャッチボール、フリスビーなどで、わんこをめいっぱい動かしてあげましょう。

POINT 3 シニア時代→頭脳系を

大型犬は8歳、小型犬～中型犬は11歳を過ぎるとシニア犬の仲間入り。この頃には落ち着いてきて、寝ている時間も増えます。だからといって遊んであげないと、わんこはどんどん老化し、病気がちになってしまう可能性が高まるので、頭を使う宝探しゲームなどで楽しませてあげます。運動系の遊びを続けるのもいいですが、無理はさせないようにしましょう。

年齢が変われば遊び方も変わる

子犬時代の遊び

好奇心旺盛でわんぱくな子犬には、簡単な遊びから始め、ありとあらゆる遊びで楽しませます。ボールなどを投げてとってこさせる「レトリーブ」は、イヌの本能をくすぐる遊び。室内でも野外でもできます。

成犬時代の遊び

追いかけっこ、引っぱりっこ、ケンカごっこ、キャッチボール、フリスビーなど運動系の遊びはなんでもござれ。ただし、急発進・急ブレーキ・急カーブなどの動きは関節に負担をかけます。関節を１回でも痛めたことがある場合は、獣医師の指導のもと、無理のない範囲で遊ばせましょう。

シニア時代の遊び

体力の低下などを考慮して、頭を使う宝探しなどの遊びがおすすめ。若い頃から好きだった遊びも無理のない範囲で続けてあげるといいでしょう。

わんこの〝マイブーム〟をふまえておもちゃを与えよう

イヌの遊びにおもちゃは欠かせません。でも、ひと口におもちゃといっても、たくさんの種類がありますし、イヌの年齢、季節などによって好みも変わります。おもちゃの特徴を見極め、愛犬の“マイブーム”を察知したうえで、おもちゃを探してあげられるといいですね。

POINT 1 おもちゃの特徴を把握する

イヌのおもちゃは飼い主と一緒に遊ぶのに適したものと、ひとり遊びに適したものがあります。そのおもちゃの特徴をつかみ、上手に使い分けましょう。前者はキャッチボール用のボール、引っぱりっこするロープなど、後者は格闘用のぬいぐるみ、転がして遊ぶコングなどがあげられます。洗濯・乾燥が簡単にできて、衛生管理のしやすいものがおすすめです。

POINT 2 愛犬の“マイブーム”を察知

子犬時代に大好きだったおもちゃが成犬になっても変わらず大好きとは、必ずしもいえません。イヌのおもちゃの好みはそのときどきで変わるので、愛犬のマイブームがなにかをいち早く見極めましょう。

POINT 3 壊れやすいおもちゃに注意

おもちゃが壊れ、なかのものをわんこが誤飲してしまった、などという事故がしばしば起こります。飲み込んだものがそのまま排泄されればいいですが、大きさによっては開腹手術が必要になるケースも。壊れやすいおもちゃはなるべく避けましょう。とくに留守中に与えるおもちゃは要注意です。

おもちゃを使い分けよう

飼い主と一緒に遊ぶタイプ

投げてとってこさせたり、引っぱりあって力比べしたり、飼い主とイヌがコミュニケーションしながら遊べるもの。しつけやトレーニングの道具としても使えます。

ひとり遊びタイプ

留守番時など、わんこだけで遊べるもの。飼い主の目が届かないところで遊ばせるので、壊れやすいものはNG。耐久性があり、安全性が高いものを選びます。１種類だけではすぐ飽きてしまうようなら、数種類を用意してローテーションしてもいいでしょう。

プラスワンPOINT

万一、愛犬がおもちゃを誤飲してしまった場合は、動物病院に駆け込み、そのおもちゃを「見本」として提示してください。おもちゃの残骸でもかまいません。知らない間に飲み込み、それが胃のなかにとどまっていると、頻繁に吐くなどの症状が出ます。ヘンだなと思ったら、すぐ獣医さんに診てもらってください。また、ナイロン製の棒がついたおもちゃなどは、棒で歯を折ってしまうことがあるので使わないでください。

愛犬を退屈させないように飼い主が遊びの達人になろう

健康のため、さらに絆を深めるためにも欠かせない愛犬との遊び。同じ遊びをずっと続けていると、わんこも飽きてしまいますが、工夫次第でいろいろな遊び方を生み出せます。ここでは、わんこが楽しんでくれそうな遊び方をいくつか提案してみましょう。

スロー&ファスト

散歩中、ゆっくり歩いたり、小走りしたりして、速度を切り替えます。いつもの散歩にゲーム性が加わり、楽しさ倍増です。

ジャンピング・レッグ

わんこに脚を飛び越えさせる単純な遊び。最初は脚を伸ばした状態でジャンプさせ、成功したら少しずつ膝を折って高くしていきます。ただし、ジャンプが得意でない（向いていない）犬種もたくさんいるので注意しましょう。

そっちこっち水鉄砲

水鉄砲を右に左に発射すると、ハンター魂を刺激されたわんこが水を追いかけます。暑い夏の日におすすめ。

遊びは発想次第でどんどん生まれる！

おなかワシャワシャ

わんことスキンシップするなかで、おなかをワシャワシャとくすぐるようになで回します。自分からおなかを見せてきたときがチャンスです。

8の字スラローム

両脚を広げた状態で立ち、わんこをフードで誘導しながら、脚の間を８の字にくぐらせます。

しっぽブンブン

まず、わんこのしっぽにティッシュやハンカチを軽く結びます。次にわんこをなでたりしてしっぽを振らせ、ティッシュやハンカチを外します。

トンネル段ボール

段ボールなどで細長いトンネルをつくり、わんこにくぐらせます。トンネルの大きさは愛犬のサイズにあわせましょう。

ハンカチ落とし

フードを入れて縛ったハンカチを用意し、参加者１人が円座を回ってハンカチを落とします。それをわんこに探させます。

うちの子がステキに変身！おしゃれで体にやさしいわんこ服

最近はTシャツやハッピ、ドレスなどを着ているおしゃれなわんこが増えてきました。本来、イヌに服は不要であり、飼い主の趣味によるものでしかありません。でも、どうしても愛犬に服を着せて魅力を引き立てたいという人もいるでしょう。それならば、少なくとも服の機能面や安全性に気を遣ってあげるべきです。

POINT 1　ストレスにならない服を選ぶ

イヌが着心地よく感じる服は、伸縮性のあるシンプルなもの。不快に感じると、服を噛んではぎとろうとしたり、グルグル回り始めたりします。ひどい場合はかきむしって傷をつくってしまうことも。嫌がるそぶりを見せたら脱がせてあげてください。

POINT 2　採寸をしっかり

イヌの体にあった服を選ぶことが重要です。首回り、背丈、胸囲、腰回り、前丈（オーダーする場合）を正しく測り、ストレスのない服を選んであげましょう。

POINT 3　長時間着せない

服を長時間着せていると、蒸れることがあります。その結果、皮膚炎につながったり、毛質が悪くなったりすることがあります。服を着せるのは一時的にしておいたほうが無難です。

わんこ服選びはここに注意！

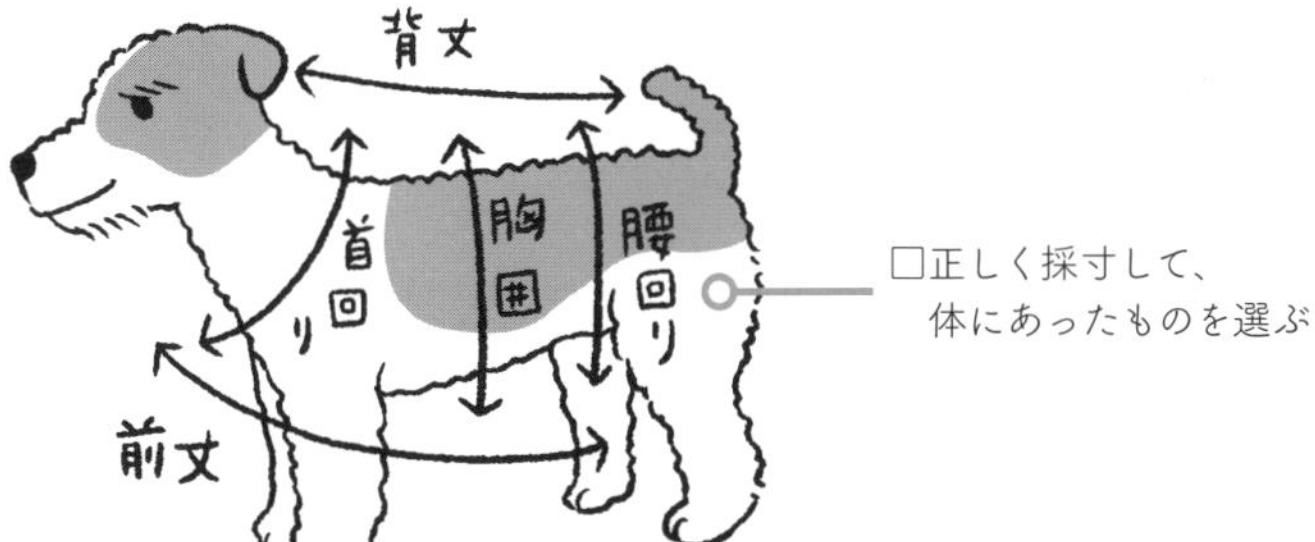

ワン プラス POINT

イヌのなかには毛の密度が薄く、冬毛も生えない犬種がいます。たとえばプードルやパピヨンなどです。そうしたわんこたちの寒さ対策としては、フリースウェアがおすすめ。冬場の散歩など外出時に着せれば防寒対策になります。

“わん言葉”を理解できれば、愛犬との絆がますます深まる！

愛犬と会話できたらいいのに……。誰しもそう思ったことがあるでしょう。“わん言葉”を理解するのはさすがに無理ですが、彼らはさまざまなな き声で私たちになにかを訴えてきます。「ワンワンッ！」「クゥーン、クゥーン」「ガルルル……」。ここでは、わんこの代表的ななき声とその意味を紹介します。

POINT 1 ウーッ……ワンッ!は遊びの誘い

前脚を伸ばしながらお尻を上げ、「ウーッ……ワンッ！」と吠えてきたら、それはあなたを「遊ぼっ！」と誘っていると考えられます。顔もなんとなく笑顔ではありませんか？

POINT 2 クゥーン、クゥーン……はSOS

わんこが体を小さくして「クゥーン、クゥーン……」と心細げな声を出していたら、なんらかの理由で不安や怖さを感じているのかもしれません。SOSのサインと考えられます。

POINT 3 キャン、キャン!は自己陶酔

「キャン、キャン！」と大きな声でせわしなくなき続けるわんこ。飼い主が止めてもなき止まないようなら、自分の声に酔ってしまっている状態かもしれません。

POINT 4 ガルルル……は臨戦態勢

牙をむき出しにして「ガルルル……」と威嚇するわんこは、自分の強さをアピールしています。相手の出方次第では攻撃に移るので気をつけて。

“わん言葉”を解読しよう！

なき声	状況	意味
ウーッ……ワンッ！	楽しそうに前脚を伸ばしながらお尻を上げて	遊ぼっ！
クゥーン、クゥーン……	体を小さくして心細げに	助けて……
キャン、キャン！	大きな声でせわしなく	ヒャッホイ！ （自己陶酔）
ガルルル……	牙をむき出しにして威嚇する	やる気かっ
ギャン、ギャン！	大きな声で吠え続ける	絶対許さない！
キュン、キュン	甘えた雰囲気で	早く、早く
ワワワワワワワンッ！	大きな声で制するように	やめてって！
フンフン、フンフン……	鼻の奥のほうから小さな声がもれ聞こえる	がまんの限界が 近いよ……
ビョエェーーーッ	人間の赤ちゃんが泣くように	もうがまんできな いっ！
ウォォォォォン	よく通る声で唱和するように	ここにいるよぉ～
ワン、ワンッ！	強い口調で	ここから出て行けっ！
ガウッ！	おどすように	しつこい、やめて！
キャン、キャン、 キャン、キャン！	高い声からだんだん低い声になる	とっても 会いたかったよぉ！
ワンワンッ、ワンワンッ	飼い主に訴えるように	ねぇ、なんかいるよ！
ヴー、ヴー……	うなるように	近づいたら ヤルよ……

※出典：『これでイヌともっと話ができる70の大切なこと』（アース・スター エンターテイメント）

わんことのドライブを楽しい思い出にするには？

クルマで海や山や川に行き、大自然のなかで愛犬と戯れる——。幸せなひとときです。でも、イヌにとって長距離の移動はなかなか大変です。不安感から興奮状態になってお漏らししてしまう子や、乗り物酔いして吐いてしまう子などが少なくありません。わんこと快適に遠距離ドライブするにはどうすればよいのでしょうか？

POINT 1 クルマに慣れさせる

クルマ慣れしていないわんこは、不安でいっぱいになっています。その不安を取り除いてあげるのが第一。クルマに乗せて車内のニオイを嗅がせ、エンジンをかけて振動に慣れさせます。そして、ある程度慣れてきたら短距離ドライブに出てみましょう。

POINT 2 食事は3時間前までに

人と同じように、イヌも乗り物酔いします。それを防ぐため、食事は遅くとも出発の3時間前までに済ませ、動物病院で処方してもらった酔い止め薬を飲ませてあげてください。トイレを済ませるのも忘れずに。

POINT 3 急ブレーキは厳禁

安全運転を心がけます。急発進したり、急ブレーキをかけたり、激しいコーナーリングをしたりすると、酔い止め薬を飲んでいたとしても乗り物酔いしてしまいます。

POINT 4 マメに休憩をとる

30分から1時間ごとに休憩をとり、トイレを済ませたり、水分を補給したりします。車外へ出るときには必ずリードをつけて誘導してください。

わんこを同乗させるときの注意点

乗車位置は後部座席

わんこは後部座席に乗せます。車内で動き回るようなら、運転に支障をきたさないようにハーネスなどで固定しましょう。小型犬の場合は、ドライブボックスやケージに入れるのもおすすめです。

窓は閉める

窓をあけっ放しにしておくと飛び出してしまう危険があります。あけるとしても鼻がギリギリ出るくらいにとどめて、パワーウィンドウをロックします。夏はエアコンをかけ、愛犬を熱中症から守ります。

乗り物酔いを防ぐ

食事は出発の３時間前までに済ませ、トイレに行き、酔い止め薬を飲ませます。長時間のドライブになる場合は、30 分から１時間ごとに休憩をとってください。

プラスワンPOINT

どうしてもクルマに慣れず、おびえ続けるイヌもいます。そういう子は、「クルマ＝イヤな場所」と思い込んでいるので、その思い込みを解消してあげなければいけません。クルマに乗せてドッグランや友だちのイヌがいる場所に連れて行くなど、楽しい経験を繰り返すことにより、「クルマ＝楽しい場所」と認識するようになるでしょう。

イヌはひとりぼっちが苦手……
留守番のストレスを軽減する方法

イヌは自分のことを家族の一員であり、ご主人とできるだけ一緒にいたいと考えています。だから、長い時間留守番させられると、さみしさや不安でいっぱいになり、ストレスをため込んでしまうのです。ストレスはイタズラとして表れたり、病気につながったりするので、そうした気持ちをなるべく取り除いてあげてください。

POINT 1　10時間以上は留守番させない

ひとり暮らしや共働きで仕事に出ている場合は、愛犬を１日９～10時間くらい留守番させていることになるのではないでしょうか。イヌの排泄のリズムなどから考えると、10時間以上にわたって留守番させるのはひかえたいところです。子犬なら４時間以内にとどめたほうがいいでしょう。

POINT 2　お願い・お礼を忘れずに

イヌには家族の一員という意識があります。それを利用して、出かけるときに「お留守番を頼むよ！」、帰宅したときに「偉かったね、ありがとう！」と声かけしてあげると、わんこに信用や充足感を与えることができます。

POINT 3　心配ならカメラで見守りを

飼い主も愛犬に好きで留守番させているわけではありません。ひとりでさみしそうにしているわんこの姿を想像すると、悲しくなってしまうでしょう。そんな人におすすめなのが「見守りカメラ」。このカメラを室内に設置すれば、スマホやパソコンからリアルタイムで愛犬の姿を見ることができます。

留守番中の不安をやわらげるには？

音楽を流す

ロックやラップ音楽などではなく、生活音などが入った環境音楽を流しておくと、イヌは家人と一緒にいるような気分になります。

スポーツ番組を流す

野球やサッカーの試合中継は、会場の歓声や実況アナウンサーの声などが聞こえてきて、留守番中のわんこの不安をやわらげます。

おもちゃ

友だちの代わりとして、ぬいぐるみなどを与えます。生まれてまもない子犬や甘えん坊で留守番の苦手な子におすすめです。

プラスワンPOINT

留守番をさせる際、その前後に大げさにかわいがっていないでしょうか。気持ちはわかるのですが、そうするとイヌが留守番を一大事だと思い込んでしまい、留守番の苦手な子になってしまいます。出かけるときも帰宅したときも、なるべく平静を保って接するようにしましょう。

最近増えてきたペットホテル 信頼できるホテルの選び方

愛するわんことは、いつも一緒にいたいもの。でも、遠方での冠婚葬祭や出張などで、どうしても愛犬を連れて行けないケースがあります。そんなときに頼りたくなるのがペットホテルです。ここでは、ホテルに愛犬を預けるときのコツと、選び方のポイントを紹介します。

POINT 1 愛犬の体調に注意

若くて健康なわんこなら心配はいらないでしょうが、病気がちな子や高齢の子はホテルに預けるときの体調に気をつけなければいけません。預けているときに病気になったら一大事。体調が思わしくないなら、そもそも長期の外出は避けるべきです。

POINT 2 ケージに慣らしておく

ホテルに預けられたわんこは、ケージのなかで多くの時間を過ごすことになります。ケージに慣れていないと体調を崩したり、パニックになったりする可能性が高まるので、ふだんからケージに慣れさせておく必要があります。

POINT 3 予防接種を済ませる

ホテル側が混合ワクチンなどの接種を利用条件としていることがあります。多くのペットが利用する場所ですから、愛犬の健康を守るために接種しておくべきです。

POINT 4 スタッフとコミュニケーションを

お世話になるホテルのスタッフに、愛犬の性格や特徴を伝えておきます。ふだん食べているドッグフードをもっていけば、それを与えてくれたりもします。

ペットホテル選びのチェックポイント

ホテルの環境を見せてもらう

命を預けるのですから、どんな環境で過ごすのかは超重要。ケージの大きさはどうか、そうじが行き届いているか、悪臭はしないかといったことを、事前に見ておきましょう。

スタッフの応対をチェック

スタッフの電話対応や受付時の対応にも、そのホテルのレベルが表れます。疑問点はどんどん聞いてみて、優しく丁寧に答えてくれるスタッフがいるホテルを選びましょう。

料金体系をチェック

利用料金は当然ホテルによって異なります。後々トラブルにならないように、料金体系を明確に提示しているホテルが望ましいです。

プラスワンPOINT

ペットホテルを利用しなくても、ペット仲間や近所の知り合い、信頼できる友人などに預けられるようなら、そのほうがベターです。ペット仲間の場合、ふだんからお互いの家を行ったり来たりさせて、イヌに相手の家を「セカンドハウス」と思わせておくと、いざというときにスムーズです。わんこにとっても、ホテルよりずっとストレスが少なくてすみます。知り合いに頼んで、家に世話をしに来てもらうのもいいでしょう。

ペットシッターの見極めは、事前の面談がいちばん大事

愛犬をペットホテルに何日も預けたくない、慣れた環境で留守番してもらいたいという飼い主もいるでしょう。また、わんこのほうが環境の変化を苦手にしていて、長期滞在が難しいケースもあります。そんな場合は、ペットシッターを利用するのも手です。

POINT 1　メリットとデメリットを知る

わんこの食事、散歩からトイレのそうじ、空調の管理まで、細かなリクエストにも応えてくれるのがペットシッターです。料金はペットホテルよりはおおむねリーズナブル。わんこはいつもと同じ環境にいられるので、ストレスの心配はありません。ただし、ペットシッター個人の技量に左右される点、合鍵を預けて家のなかに入ってもらうのでプライバシーがさらされる点などが不安に感じられるかもしれません。

POINT 2　事前の面談で見極めを！

ペットシッターを頼む際は、信頼できる人かどうかが重要な問題になります。知り合いの紹介などがあれば不安は解消されますが、初めての人は一から信頼関係を築いていかなければなりません。どんな人かを見極めるために、事前の面談をしっかりやりましょう。

POINT 3　わんことの相性も重要

信頼できそうなペットシッターであっても、その人に世話をされるのは飼い主ではなくわんこです。だからこそ、わんことの相性も大切になるのです。面談の際には、相性チェックを忘れずに。

面談ではここを見よう

身元はちゃんとしている？

名刺をもらい身元を確認しましょう。動物取扱管理者などの資格をもっていると信頼度が増します。なにかあったときのために、直接やりとりできる連絡先を教えてもらうこと。

人柄はどう？

会話のなかでペットシッターの人柄を見ます。人間性とともに、プロフェッショナルとしての意識の高さをチェックしてください。

世話の内容は？

いつ訪問してもらい、どんな作業をしてもらうのか、具体的につめていきます。食事にしても、どのフードをどれくらいあげるのかとか、散歩はどのルートにするか、そうじはいつがいいのかなど、しっかり決めておく必要があります。

料金は高すぎない？

通常は１時間○円などと料金設定がされていますが、それに加えて散歩代、投薬代などの料金が別途発生したり、交通費を負担したりと追加料金がかかるケースが少なくありません。明瞭な料金体系のペットシッターがいいペットシッターです。

愛犬との相性は問題ない？

ペットシッターにわんこをなでてもらうなどして、相性を見てください。相性が悪く、わんこにストレスを与えてしまうようなら、別の人にしたほうがよいかもしれません。

特集 イヌと一緒に防災・減災

災害が起こったとき、イヌはどうする？

日本は自然災害の多い国です。地震や火山の噴火、津波などに襲われてきた歴史があり、災害大国ともいわれています。そして、今後もかなり高い確率で大型地震が発生するだろうと予測されています。

大きな地震が起こったとき、人間だけなら避難して安全を確保しやすいかもしれません。でも、ペットが一緒となると話は別です。愛犬を連れてのサバイバルは、そう簡単ではないでしょう。災害の直後、わんこがパニック状態になって逃走したり、慌てて避難したためにわんこの食料をもち出せなかったり、避難所でわんこを見た周囲の人にイヤな顔をされたり……。

緊急時、愛犬とともに生き残るにはどうすればいいのか、そのノウハウを学びましょう。

人命優先が大前提！

地震などの災害が起こったときは、まず自分の命の安全を確保してください。「なにより先にわんこを守りたい！」「私はどうなってもいいから、わんこを助けたい！」という気持ちもわかります。ある意味、それが飼い主として当然の感情でしょう。

でも、飼い主になにかあって助からなかった場合、愛犬が運よく生き延びたとしても、その面倒を見てくれる人がいるかどうかわかりません。それに、イヌは人間より運動能力が高く、生存可能な空間が小さくて済むので、飼い主より生き延びられる確率は高いのです。

ですから、まず自分の身の安全を守ったうえで、愛犬のことを考えてあげるようにしてください。

備えあれば憂いなし！

イヌと一緒の防災・減災を考えるとき、いちばん大事なのは「備え」を万全にしておくことです。備えは、大きく2つに分けられます。

ひとつは、実際に災害が起こるケースを想定しておくことです。たとえば、「夜中に大きな地震が発生したら……」「混乱のなかで愛犬が逃げてしまったら……」といった具合に、さまざまな状況をイメージし、その状況にどう対応すべきか、対応するにはなにを用意しておけばいいかを考えておくのです。

もうひとつは、防災グッズをそろえることです。緊急で避難した場合などは、ドッグフードや飲み水、キャリーバッグ、ペットシーツ、薬といったさまざまなモノが手に入りにくくなるので、事前の準備が必要になります。

ペットの防災グッズ

イヌを連れて避難するとき、優先して準備すべきものが大きく分けて2種類あります。

①ドッグフードを始めとする食べ物や食器、飲み水、常備薬、排泄物の処理用具やトイレ用品、キャリーバッグやケージ、予備の首輪とリードなど。

②飼い主の連絡先、親戚など飼い主以外の連絡先、愛犬の写真や画像、ワクチンの接種状況、かかりつけ医の情報を記したメモなど。

それらに加えて、73～74ページで紹介するような防災グッズをもっていると、避難生活で大いに役立ちます。

また、イヌを避難所へ入れることができる場合でも、狂犬病の予防注射や混合ワクチンの接種などを済ませていないと入れません。すでに済ませているなら、接種状況を確認できる書類を準備しておいてください。

①イヌの命や健康にかかわるもの

②イヌや飼い主に関する情報

わんにゃん防災便利ふろしき

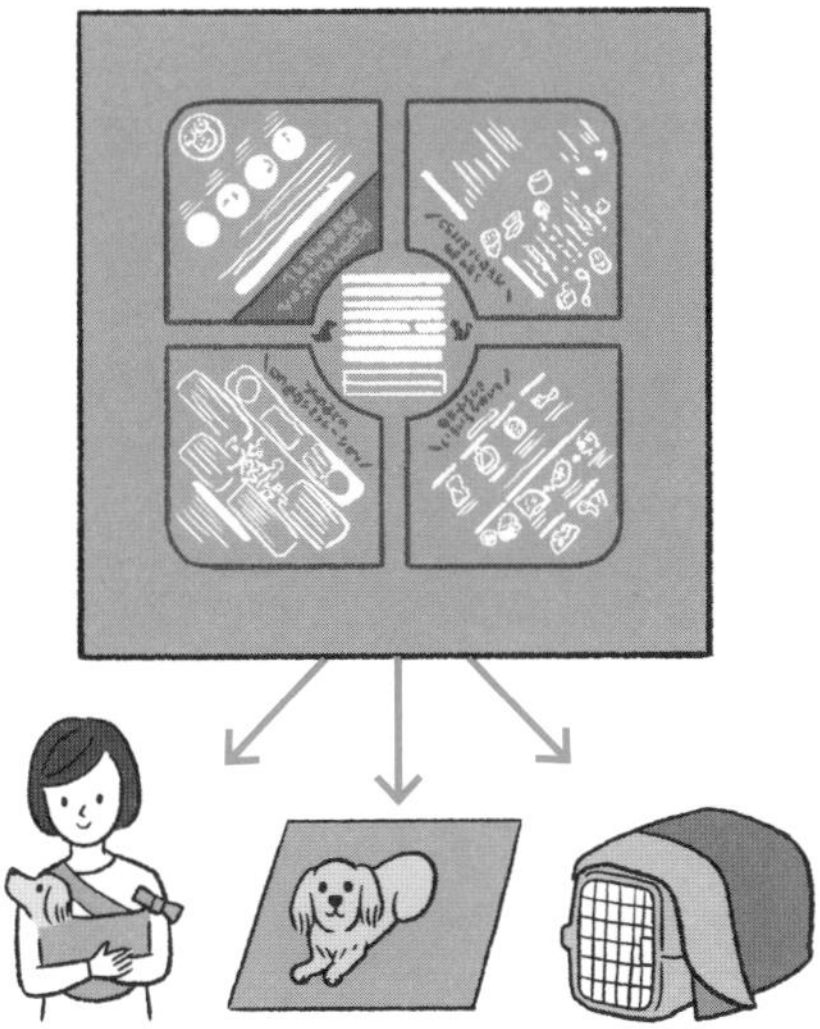

※ PEPPY

縦横約110cmの正方形、はっ水性に優れたポリエステル製のふろしきです。抱っこひもや敷物、キャリーバッグの目隠し、防寒など用途が幅広く、もち運びや保管も簡単です。ふろしきには使い方や防災グッズのチェックリストなどのお役立ち情報が図解入りで4つ描かれています。さらに中央部分に飼い主と愛犬の情報を書き込めるようになっています。

折りたたみ式ペットサークル

避難先でケージ代わりに使うことができる折りたたみ式のペットサークルです。折りたたみ式なので、使わないときには小さくたたんでおけば場所をとりませんし、もち運ぶときもラクラク。中型・大型犬を入れるのはサイズ的に難しいですが、小型犬なら複数入れておけます。

BOUSAI GO BAG

※たかくら新産業

被災地での調査を元に、ペットメーカー６社の防災グッズ（食品を除く）を厳選し、コンパクトにまとめたセットです。マイクロファイバータオル、折りたたみ式ウォータートレイ、ヒモ、リード、体ふきシート、排泄物の防臭袋、消臭スプレー、QRコードつき迷子札の８種類を収納。被災後の数日を乗り切るためのアイテムがそろっています。

災害が起こったら、どう動けばいい？

災害に見舞われたら、まずは飼い主と家族の安全を守ります。先に述べた「人命が最優先」の考え方です。

身の安全が確保できたら、次は愛犬の番。突然の災害でパニックになるイヌを落ち着かせ、逃げ出したり、怪我をしたりしないように気をつけましょう。

飼い主と家族、そして愛犬が無事なら、次のステージへ。救援物資を始めとする行政の支援は災害発生から数日かかることもあります。それまでは飼い主自身が愛犬を守らなければいけません。

周囲に同じ境遇の人がいるようなら、その人たちと助け合いながら、危機を乗り切りましょう。

同行避難の流れ

国の方針は原則、「飼い主とペットの同行避難」です。でも、避難所の運営は各自治体などに委ねられているため、場所によっては「ペットの同行不可」といわれることもあります。

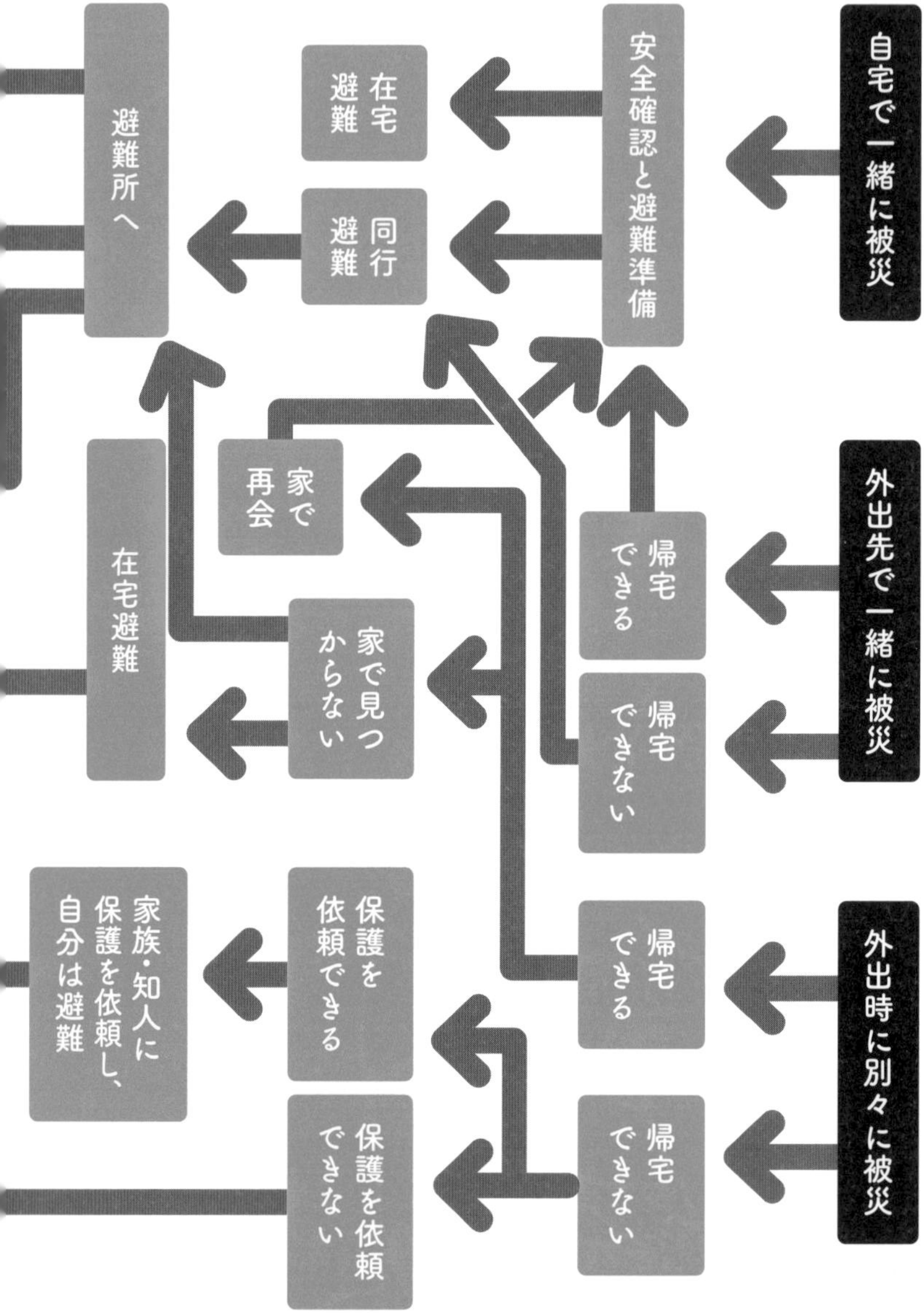

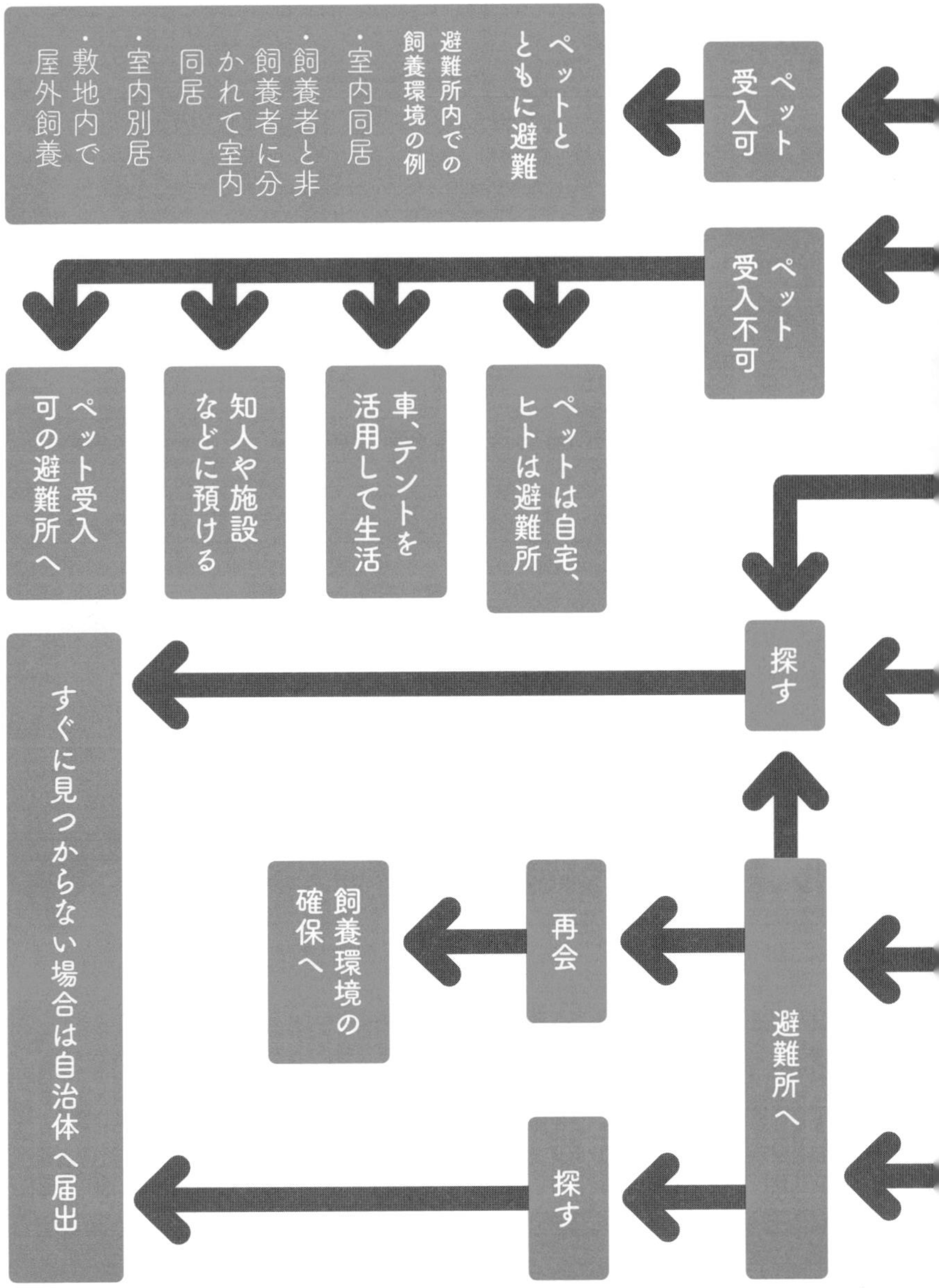

環境省『災害、あなたとペットは大丈夫？　人とペットの災害対策ガイドライン〈一般飼い主編〉』

イヌと一緒の避難所生活

被災して避難が必要になり、愛犬を避難所に連れて行ったとします。でも、すべての避難所でペットを受け入れてくれるわけではありません。避難所には動物が苦手な人や、アレルギーのある人などもいるので難しいところです。

ペット可の避難所であっても、ペットは専用のスペースに入れるのが基本となります。避難所ごとにルールが異なりますが、ほとんどの場合、残念ながら飼い主と愛犬は同じスペースにいられません。

いつもと違う場所での生活を余儀なくされたわんこは、不安とストレスで体調を崩してしまうかもしれません。そうした理由から、愛犬と一緒に過ごすためにクルマのなかやテントでの避難生活を選ぶ飼い主も少なくないのです。

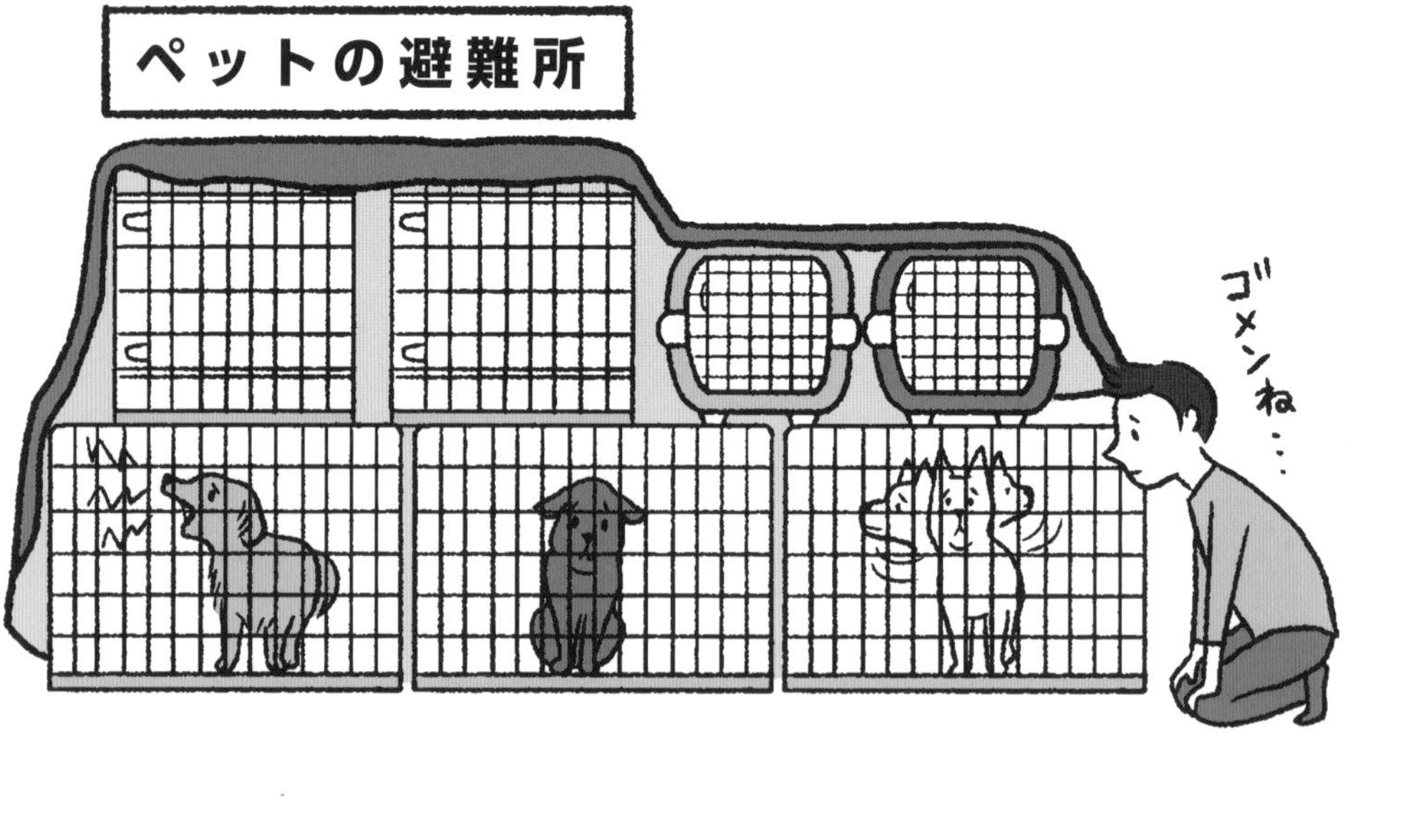

ペットや飼い主の情報を記入して、防災グッズなどと一緒に保管しておきましょう。

ペットの情報

顔のアップ写真 （できれば飼い主と一緒に写っているもの）		全身の写真 （できれば模様やしっぽの形など特徴がわかるもの）	
名前		性別	オス・メス／不妊去勢　済・未
種類		体重	
毛色		生年月日	（　　）歳
マイクロチップ	未・済（番号　　　　　）	鑑札番号	（犬）
ワクチン接種	未・済（種類　　　　　）最近の接種日　年　月　日		
既往症	（持病、飲んでいる薬、アレルギーなど）		
性格			
特徴			

飼い主の情報

氏名		家族の氏名	
電話	自宅	携帯	
メール	①	②	
住所			
非常時の連絡先		電話	
かかりつけの動物病院		電話	

避難所以外での生活を考える

愛犬にとって避難所での生活が難しそうなら、別の場所での生活を考えたほうがいいかもしれません。

たとえば、自宅の被害が少なく、倒壊したり火災になったりするなどの心配がなければ、住み慣れた我が家で在宅避難するのがベターです。わんこは自宅、飼い主は避難所で生活を送り、食事のときだけ飼い主が自宅に帰って世話をするという形もあり。わんこのストレスが軽減されることが重要です。

また、先に述べたクルマ避難やテント避難を選ぶ、あるいはペットホテルに預けるといった方法もあります。自分で世話するのが難しければ、親戚や知り合いなどに預けることを考えなければいけないかもしれません。

第3章

元気でキレイなわんこになる!

イヌの「健康と美容」

人間同様、〝メタボ〟に要注意！ 愛犬の肥満度をチェックしよう

イヌの健康基準のひとつに、肥満かどうかというものがあります。イヌは食べたいものを好きなだけ食べてしまう生き物ですから、飼い主が気前よく食べ物をあげ続けていると、あっという間にメタボ犬のできあがり。肥満は内臓疾患や糖尿病、関節炎など多くの病につながるので、肥満予防は飼い主の重大なつとめとなります。

POINT 1 成犬になると太る

成犬になると、まず基礎代謝が落ちます。それに過食や運動不足が加わって、徐々に太っていくのです。また、去勢・避妊手術をした子が太りやすくなったり、シェットランド・シープドッグやレトリーバーなどの犬種が太りやすいといった傾向も見られます。

POINT 2 肥満予防は飼い主の責任

そもそも飼い主が食べ物をあげすぎなければ、イヌは肥満になりません。逆にいうと、食べ物をあげるのをがまんしさえすれば、愛犬の肥満を防ぐことができるのです。そのことを肝に銘じて、日々の食事を世話しましょう。

POINT 3 BCSで肥満度をチェック

BCS（ボディ・コンディション・スコア）は、イヌの体格を真横と真上から見て肥満の状態を推測する指標です(83ページ)。5段階評価のうち「3」が理想的な体型とされています。

あなたの愛犬はやせ型？　メタボ犬？

BCS（ボディ・コンディション・スコア）と体型		特徴
BCS 1 ↓ やせ型		腰のくびれが目立つ。皮下脂肪がなく、簡単に肋骨に触ることができる。
BCS 2 ↓ ややや せ型	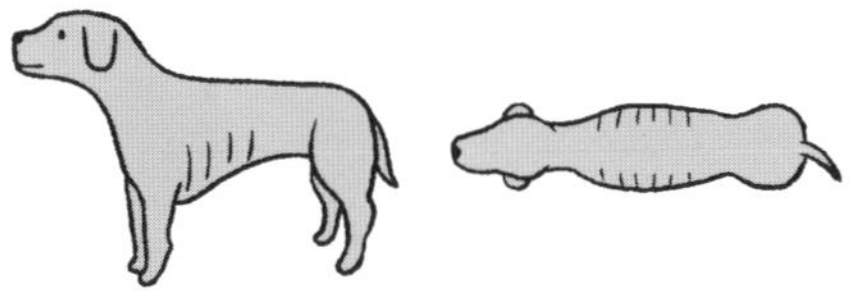	腰に大きめのくびれ。皮下脂肪はわずかで、簡単に肋骨に触ることができる。
BCS 3 ↓ 理想的	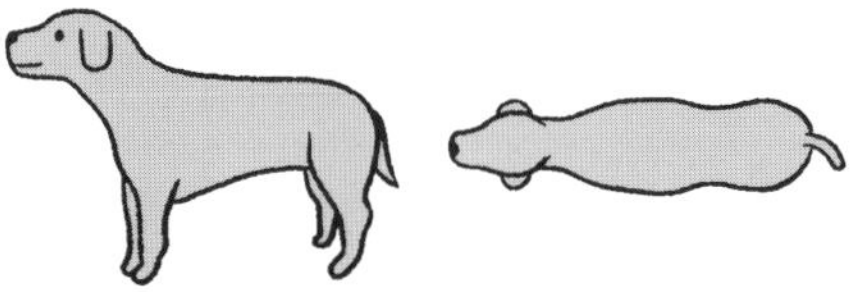	腰に適度なくびれあり。薄い皮下脂肪の下に肋骨を感じることができる。
BCS 4 ↓ やや肥満		腰のくびれはほぼなし。皮下脂肪のせいで肋骨に触りにくい。
BCS 5 ↓ メタボ犬	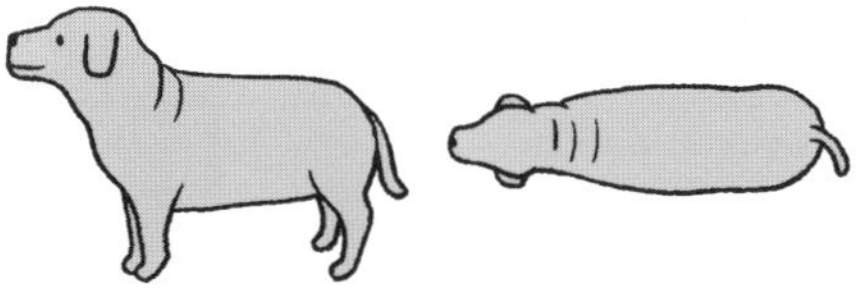	腹部が垂れ、背面が広がっている。厚い脂肪で覆われており、肋骨には触れない。

ワン プラス POINT

BCSと同時にチェックしたいのがMCS（マッスル・コンディション・スコア）です。MCSとは動物の筋肉量を確認するための指標。無理なダイエットをすると、脂肪とともに必要な筋肉も落ちてしまいます。そうならないように、MCSを意識して、“チョイ細マッチョ”を目指しましょう。

うんちやおしっこは健康のバロメーター
毎日のトイレチェックを忘れずに

イヌの健康を考えるとき、極めて重要な情報源となるのが彼らのうんちやおしっこです。排泄物がふだんと違っているということは病気のサイン。そのサインを見逃さないように、トイレチェックの習慣をつけましょう。

POINT 1 トイレチェックを習慣に

うんちやおしっこは消化器や泌尿器、さらには体全体の状態によって変化します。したがって、ふだんから愛犬の排泄物を観察しておけば、体調の変化にいち早く気づいてあげることができるのです。愛犬の異変を感じとってあげられるのは、飼い主のあなたしかいません。

POINT 2 異変に気づいたら病院へ

トイレチェックで「ヘンだな」と思ったら、うんちやおしっこを動物病院へもち込みましょう。獣医師も排泄物を見ただけではすぐに判断できませんが、検査をすればわんこの健康状態がわかります。飼い主が「気のせいだろう」と勝手に判断してしまうと、命とりになりかねません。とりあえず、病院で診てもらうことが大切です。

POINT 3 排泄物のココを見る

うんち・おしっことも、色・ニオイ・量・回数をチェックしてください。うんちは正常なら茶色で、血が混じっていると赤かったり、黒っぽかったりします。おしっこはひどい血尿なら鉄のニオイがします。おしっこの色が薄い場合、腎不全の可能性などが考えられます。

うんち・おしっこのチェックポイント

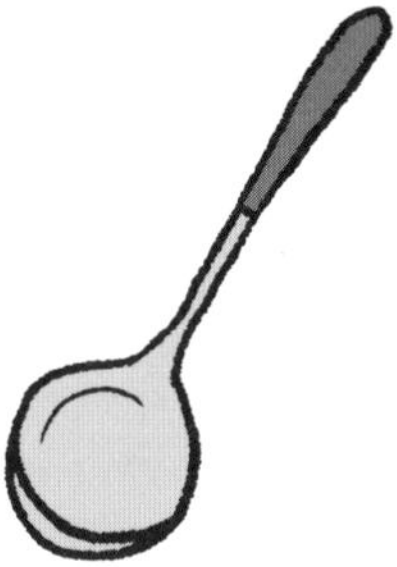

うんちのチェック

□黒っぽい→胃～小腸あたりにかけて出血している部位がある。

□赤っぽい→大腸～肛門あたりにかけて出血している部位がある。

□硬い→水分が不足している。腸の動きが悪い。

□水っぽい→下痢をしている。

□なかなか出ない→便秘と下痢両方の可能性がある。

おしっこのチェック

□赤っぽい→血が混じっている（血色素尿）。

□茶色っぽい→腎臓～膀胱に出血している部位がある。

□にごりがある→雑菌が繁殖している。尿路結石の可能性も。

□臭う→雑菌が繁殖している。

□チョビチョビ何度もする→膀胱炎の可能性がある。

ワンプラスPOINT

動物病院で「検査のために新鮮な排泄物をもってきてください」といわれることがあります。うんちをとるのは容易ですが、おしっこをとるのはなかなか難しいもの。おしっこを採取する場合、おたまやひしゃくを使って受けるか、いつもする場所にビニールやラップを敷いておき、たまったものをスポイトで吸う方法があります。採取したおしっこはすぐに動物病院へ。翌日になると、数値が変わってしまいます。

イヌも歯が命！ デンタルケアは子犬のうちから始めたい

イヌは基本的に甘いものを食べないため、めったに虫歯になりません。でも、歳をとるにつれて歯石がたまり、それが歯槽膿漏《しそうのうろう》につながります。悪化した歯槽膿漏はさまざまな健康問題を引き起こすので、早いうちにデンタルケアを始めましょう。

POINT 1 予防が第一！

多くのイヌは口のなかをいじられるのを嫌がり、成犬になってしまうと、なかなか歯磨きをさせてくれません。動物病院で歯石を除去してもらうこともできますが、全身麻酔が必要になるなどのリスクもあります。最も効果的なのは、子犬の時期から歯磨きに慣れさせて予防することです。

POINT 2 1日1回ペースが理想

わんこの歯磨きは、基本的には歯ブラシを使います。慣れないうちは歯磨きシートでもかまいませんが、奥の汚れがとりにくいので、なるべく歯ブラシにしてください。1日1回ペースで歯磨きができると最高です。

POINT 3 定期検査も受ける

歯磨きを習慣にし、正しい食事をしていれば、多くのわんこが歯の健康を保つことができるでしょう。ただし、それでも隠れた問題が発生している可能性があるので、年に1回は動物病院で診てもらうことをおすすめします。

ご褒美を与えて歯磨き大好き犬に！

①口元を触る

口元をやさしく触ります。触ったらフードを与え、少しずつ触れる時間を増やしていきます。

②歯茎を触る

口を閉じたままでもいいので、歯や歯茎をやさしく触ります。おとなしくしていたら、ご褒美（フード）をあげましょう。

③歯磨きシートを使う

口に触られるのに慣れてきたら、市販の歯磨きシートや濡れたガーゼを使い、歯をぬぐいます。前歯から奥歯へと進めていきましょう。一段落するごとに、ご褒美を忘れずに。

④歯ブラシを使う

歯磨きシートに慣れたら、今度は歯ブラシにチャレンジしてみましょう。歯磨きジェルをつけるとさらに効果的ですが、嫌がるようならなにもつけなくてもかまいません。

ワン プラス POINT

イヌも歯が抜けます。乳歯はそのまま放っておいて OK。ただし、歯槽膿漏などで抜けた場合は大量に出血することもあります。まれに失血死してしまうケースもあるので、口のなかをチェックして血が出ているようなら動物病院で診てもらうべきです。

悪戦苦闘する飼い主多数
爪を上手に切る方法

愛犬の爪切りが苦手、という飼い主は少なくないでしょう。爪が伸びすぎていると折れやすくなるので定期的にカットする必要がありますが、多くのわんこは繊細な脚先に触れられるのを嫌がりますし、大暴れする子もいます。上手に爪を切るには、どうすればいいのでしょうか？

POINT 1 小さいうちに慣れさせる

爪切りが嫌いな子にならないようにするためには、子犬の時期から爪切りに慣れてもらうことがいちばんです。歯磨き同様、少しずつ慣れさせ、抵抗感をなくしてあげましょう。

POINT 2 深爪には要注意！

イヌの爪には血管や神経が通っています。だから人間に触れられるのを嫌がるのです。誤って深爪にしてしまうと、わんこは痛がりますし、かなり出血します。わんこの不安や抵抗感も増すでしょう。深爪にしないように、先端だけを切るようにしてください。芯の終わりから２～３㎜くらいが目安です。

POINT 3 自分で無理なら病院へ

飼い主が無理をして失敗するくらいなら、動物病院やペットサロンで切ってもらうほうがいいでしょう。簡単に切ってくれますし、費用もそれほどかかりません。

脇にはさみながら数回に分けて切る

①リラックスさせる

わんこをなでたり話しかけたりしてリラックスさせてください。フードをあげて機嫌をとるのもいいかもしれません。

②脇にはさむ

右手をわんこのおなかのあたりに回し、左の脇でわんこの体をはさみます。強くはさみすぎないように気をつけてください。

③足首を後ろに曲げる

わんこに爪切りしているところを見せると怖がらせてしまうので、足首を後ろに曲げ、視界に入らないようにしましょう。

④数回に分けて切る

１本ずつ切っていき、途中で暴れるようならやめましょう。残りは後日でOKです。爪切りはイヌ専用のものを使います。

ワンプラスPOINT

爪切りに失敗して深爪になってしまったら、ティッシュやガーゼで圧迫して止血してください。血が止まらない場合は動物病院へ。動物病院が閉まっていると大変なので、爪切りは診療時間中にやりましょう。複数回失敗するようなら、自分で切るのはあきらめて、動物病院やペットサロンにお願いするべきです。

イヌの耳は超デリケート！やさしいケアを心がけて

イヌの場合、家庭での耳そうじはほとんど必要ありません。イヌの耳には自浄作用が備わっているからです。また、イヌの耳はデリケートな構造になっており、少々の刺激でも傷ついて炎症を起こしてしまうため、乱暴な手入れは厳禁です。ただし、耳が汚れやすい子や外耳炎などの病気にかかっている子については、ケアが必要になります。

POINT 1 お手入れ前に耳チェック

耳そうじをするかどうかはともかく、耳のチェックは日頃から欠かさないようにしましょう。汚れていないか、赤くなっていないか、かゆがっていないか、悪臭がしないかなどを確認し、異常があれば動物病院で診てもらいましょう。

POINT 2 耳そうじは最小限でOK

イヌの耳そうじは、基本的には自浄作用に任せます。自浄作用によって出てきた汚れをきれいにしたり、外で遊んでこびりついた土ぼこりを取り除くくらいで十分です。

POINT 3 コットンを使う

デリケートなイヌの耳に綿棒や乾いた布はNG。耳を傷つけてしまいます。専用のローションやクリーナーをつけたコットンを使いましょう。

POINT 4 こすらず、ふきとる

力を入れてこすってしまうと、炎症を起こすことがあります。そっと「ふきとる」感覚で、やさしく汚れを落としてあげてください。

耳のケアはやさしく、やさしく丁寧に

耳そうじは最小限に

専用のローションなどをつけたコットンを使い、そっと汚れをふきとります。耳の壁を傷つけたり、汚れを奥に押し込んだりしないように注意。

異常がないかを常に確認

耳の異常の有無は毎日確認します。炎症を起こしていないか、かゆがっていないか、悪臭がしないかなどをチェックしてください。

プラスワンPOINT

イヌの耳の病気で多いのは外耳炎です。耳垢の量が増えたり、耳のなかが赤くなったりしていると、外耳炎が疑われます。イヌがしきりにかゆがるのも外耳炎の症状です。不安なら、病院で診てもらいましょう。

軽くもみ洗いするのがコツ
大変だけど楽しいおうちシャンプー

イヌは獣《ケモノ》です。獣臭を防ぐためには、定期的にシャンプーすることが必要です。シャンプーによって汚れやニオイの元になる脂をキレイにするのです。ただし、人間と同じように洗ってはいけません。洗い方、シャンプーの選び方など、気をつけるべきことがいろいろあります。

POINT 1　回数は月1～2回でOK

脂は被毛を汚れから守る役割もしています。その脂が毎日のようにシャンプーしていると落ちてしまい、かえって皮膚のトラブルが起こりやすくなってしまいます。したがって、シャンプーの回数は月１～２回にとどめたほうが無難です。

POINT 2　イヌ用シャンプーを使う

シャンプーは人間用ではなくイヌ用を使います。ひと口にイヌ用シャンプーといってもさまざまな種類がありますが、殺菌効果のあるシャンプーは濃度が重要になってきます。薄いものは効かないので、獣医師やペットショップの店員に相談して、最適なものを選んでください。

POINT 3　こすり洗いはダメ

イヌの皮膚は薄くてデリケート。ブラシなどで強くこすり洗いしたりすると、すぐ傷がついて炎症を起こしてしまいます。指の腹を使い、軽くもむ程度で十分キレイになるので、やさしく洗ってあげましょう。

シャンプーを嫌いにさせない洗い方

①軽くもみ洗い

お湯の温度は35 ～ 38℃くらいが目安。前後の脚、お尻、おなか、背中、顔の順でやさしくもみ洗いします。毛が密生している犬種は地肌までしっかり洗いましょう。洗い終わったら、きちんと泡を流してください。流しが足りないと皮膚炎の原因になります。

②タオルでふく

タオルで包み込むようにして濡れた体をふきます。このときもゴシゴシふかず、やさしくなでるようにしてください。

③ドライヤーで乾かす

わんこの体から30cmほど離し、熱くなりすぎないように気をつけつつ、すばやく乾かします。自分の手肌に向かって熱風を吹きつけると、熱さの加減がわかります。

ワン プラス POINT

イヌから獣臭がするのは正常なことです。飼い主が獣臭を気にせず、わんこの皮膚に炎症などもないなら、極端な話、シャンプーする必要はありません。とはいえ、愛犬のニオイをまったく気にしないわけにもいかないでしょうから、適度にシャンプーしてあげるのがベターです。

毛を美しく保ち、スキンシップにもなる毎日のブラッシング

イヌの毛を放っておくと、もつれて毛玉になってしまいます。そうならないように、まめにブラッシングするようにしましょう。面倒に思えるかもしれませんが、ブラッシングは毛の手入れだけでなく、スキンシップにもなりますし、さらには表皮の血行をよくすることにもつながります。単純だけれど重要な行為なのです。

POINT 1 ブラッシングは毎日やる

イヌには長毛種と短毛種がいますが、ブラッシングは毛の長さにかかわらず、1日1回行うのが基本。子犬のうちから習慣づければ、人間に触られるのが大好きな子になるでしょう。

POINT 2 毛並みにそってやさしく

長毛種ならピンブラシやコームブラシ、短毛種ならラバーブラシといった具合に、毛のタイプにあったブラシを使って、全身をやさしくブラッシングします。ブラシを毛並みにそって動かしていくのがコツです。地肌を引っかかないように注意しましょう。

POINT 3 病気のサインを見逃さない

抜け毛が異常に多くなったり、円形に毛が抜けたりする場合、皮膚炎や真菌症などの病気かもしれません。ブラッシングをしていると、こうした病気にいち早く気づくことができるので、すぐ対処してあげましょう。

ブラシを使い分けてサラサラに

①全身の汚れをとる

ピンブラシを使い、毛並みにそってブラッシングし、全身の汚れをとります。毛玉はハサミで切らずに根気よくほぐしてください。

②全身の毛をすく

今度はスリッカーブラシを使ってブラッシング。やはり毛並みにそってすいていきます。

③顔周りをすく

コームブラシを使い、顔周りをブラッシング。目や鼻を傷つけないよう、くれぐれも注意してください。

ワン プラス POINT

ミニチュア・シュナウザーやアーフェン・ピンシャーなどのワイヤー種は、短期間で毛がモコモコになってしまいます。自宅でブラッシングするだけでは毛玉になってしまうので、ペットサロンでの定期的なトリミング（ヘアカット）が必要です。マメな飼い主でないと管理が難しいので、自分の管理能力にあわせた毛の長さの犬種にしたほうがいいかもしれません。

1日10分のマッサージで愛犬との信頼を深めよう

マッサージされている時間を至福のときと感じる人は多いでしょう。実はイヌのなかにもマッサージ好きな子が多く、飼い主がやさしく体をもんであげると、気持ちよさそうな表情をしてくれます。マッサージは硬くなった筋肉をほぐすほか、血行促進、ストレス解消などの効果が期待できます。1日10分程度でかまいませんので、ぜひ愛犬にマッサージをしてあげてください。

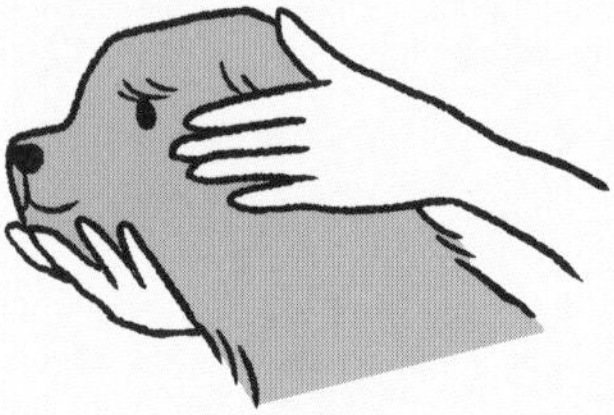

顔周りをモミモミ

イヌはよく吠えますし、おびえることもよくあるため、顔の筋肉に力が入り、こわばっていることが多いです。鼻先から頬にそってなでたり、頬をつかんで上下に、あるいは左右に引っぱったりして、筋肉をほぐしてあげます。

肩甲骨周りをモミモミ

4本脚での歩行は、前脚とその関節に負担がかかります。重心が前方に偏りがちになると、浅い呼吸や緊張・興奮の原因に。そこで肩甲骨周りにそってマッサージすることにより、体のバランスが整えられ、精神的に落ち着いた状態になっていきます。

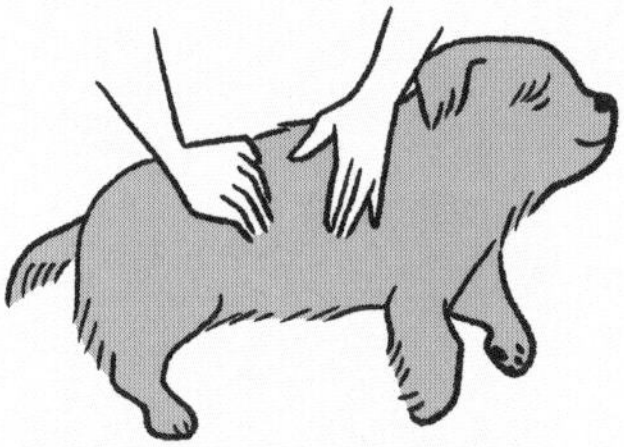

股関節周りをモミモミ

しっぽに近い部分の骨の周りは硬くなりがち。これが股関節の動きを悪化させる原因になるので、股関節周りのマッサージでやわらかくゆるめてあげます。親指を使って腱をゆるめるように押し、少しずつ指を動かします。

愛犬に癒しを与えるドッグマッサージ

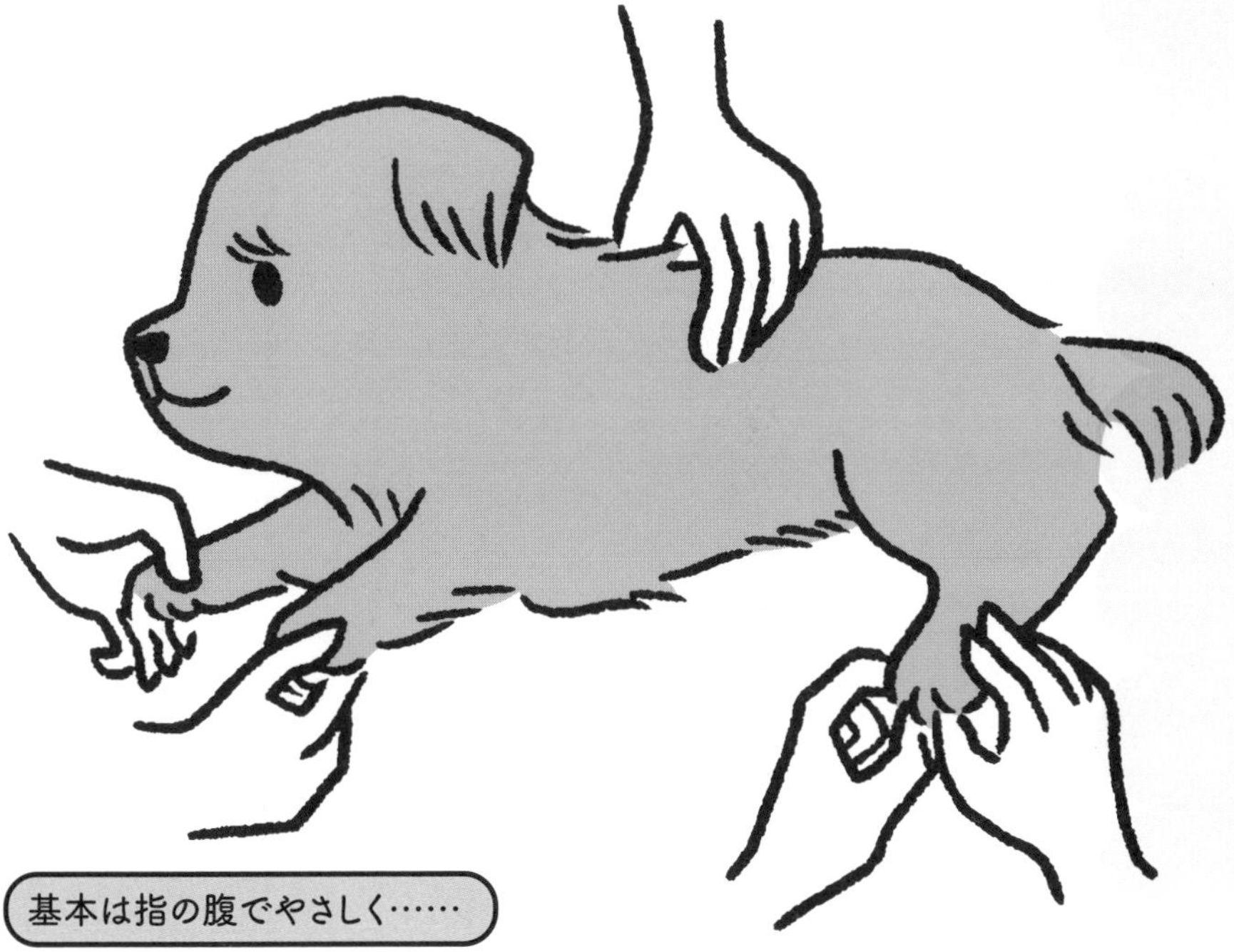

基本は指の腹でやさしく……

ドッグマッサージの基本は、わんこの筋肉を指の腹でやさしく押す方法。圧をかけるときは、指を筋肉に対して垂直にし、ゆっくり押していきます。

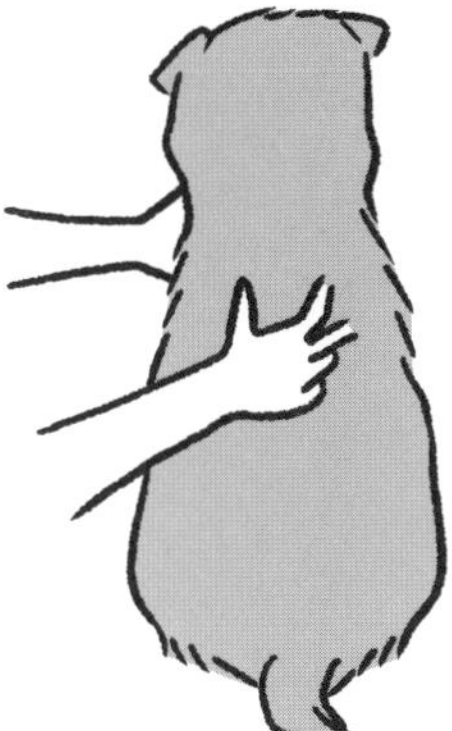

背骨周りをモミモミ

シニア犬ほど背骨周りの筋肉が硬くなりがちで、歩きにくくなっていきます。親指と人差し指を使い、背骨にそって上から下に動かしてあげると、血行がよくなります。

イヌにもツボがある
わんこがリラックスするツボはここ！

人間のツボ押しは広く一般的に行われていますが、イヌにもツボがあります。そもそもツボとは中国医学に由来する考え方。全身をめぐっている気の道（経絡）の上にあるとされ、そこに刺激を与えると、血行がよくなり、さまざまな効果が表れるといわれています。

POINT 1　イヌのツボの数は数百個！

イヌには数百個ものツボがあるとされています。それぞれのツボは臓器とつながっており、代謝をよくしたり、消化器系を活性化させたり、足腰の痛みを緩和したり、リラックスさせたりするなどの効果があると考えられています。

POINT 2　指の腹でやさしく刺激

ツボを押すときは指の腹を使い、円を描くようにやさしく刺激します。ツボをピンポイントで押す必要はなく、周辺を刺激するだけで効果があるといわれます。

POINT 3　体を温めてから押す

ツボ押しは体を温めてから行ったほうが効果的です。温かいタオルを患部に当てたり、ストレッチしたりして体を温めた後にツボ押しすると、いきなり始めるより高い効果が見込まれます。

リラックス効果のあるツボ

百会《ひゃくえ》

頭のてっぺんにあります。片手でわんこのアゴを軽くもち、人差し指で30秒～1分くらい押してください。

丹田《たんでん》

頭からお尻にラインを引いたとき、ちょうどまんなかあたりにあります。仰向けにだっこしたら、親指を除く4本の指を使って、円状に1分ほどなでます。

湧泉《ゆうせん》

後ろ脚のいちばん大きな肉球の下にあります。親指を使い、脚先に向かって10回くらい押します。

ワン プラス POINT

ツボ押しで愛犬をリラックスさせたいなら、押す人がリラックスしていないと効果が半減してしまいます。イライラしながらツボ押ししたとしても、その気持ちが愛犬に伝わってしまうからです。自分の気持ちを整えてからツボ押しするようにしましょう。

肛門腺絞り、ムダ毛の処理……忘れられがちなお尻のケア

排泄器官は常に清潔に保っておく必要があるのですが、イヌのお尻のケアは、ついつい見逃されがち。ここでは、うんちをした後はどうしたらいいか、悪臭を発する液体を出す肛門腺の絞り方、肛門の周りの毛の処理などについて紹介します。

POINT 1 お尻は強くふかないで!

わんこのお尻はとてもデリケート。うんちの後はきれいに汚れをふきたいところですが、強くふくと肌を傷めてしまいます。市販のお尻シートなどで、上からそっとぬぐうように、もしくはつまみとるようにふいてあげてください。

POINT 2 月に1回は肛門腺を絞る

肛門腺は肛門の左右にあります（時計で例えると4時と8時のあたり）。このなかに独特のニオイのする分泌液がたまるようになっていて、たまり続けると、わんこはお尻を引きずるようになります。ときには炎症を起こしてしまうことも。それを防ぐため、月1回くらいのペースで絞る必要があるのです。

POINT 3 肛門周りの毛をカット

肛門の周りには毛が生えています。伸び放題にしていると、うんちがこびりついて細菌が繁殖し、炎症を起こす危険があります。うんちがよくついているなと感じたら、カットしてあげましょう。

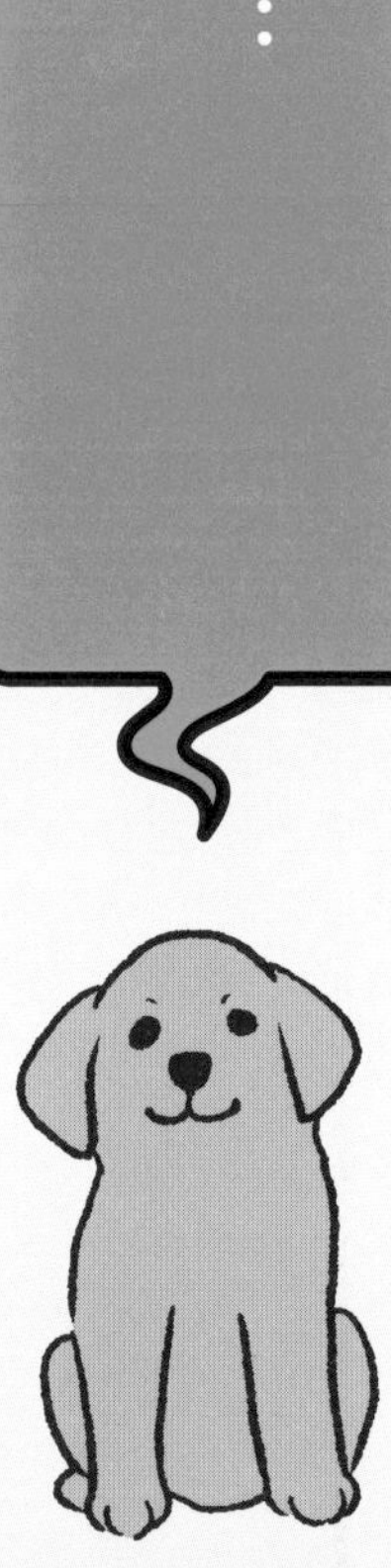

肛門腺絞りのやり方

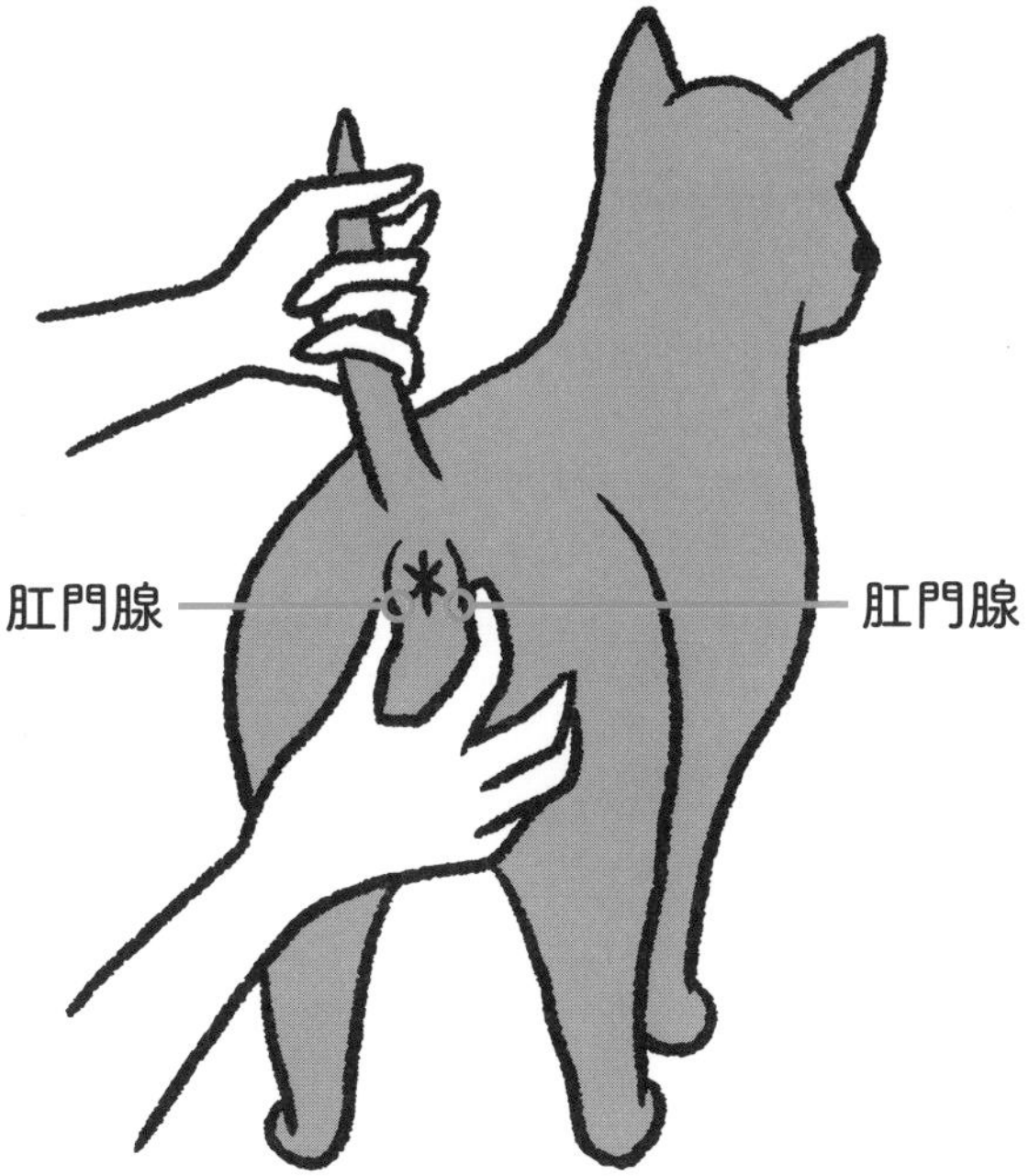

①肛門を見えるようにする

わんこをお風呂場などに連れて行き、しっぽをもち上げて肛門がよく見えるようにします。

②分泌液を絞り出す

左右の肛門腺を親指と人差し指でつまみ、前方に押し上げるようにして絞り出します。飛び散らせると非常に臭うので、お風呂場などで行うのが無難です。

③お尻をきれいにふく

絞り終えたら、肛門をお尻シートなどでやさしくふいて、きれいにします。

ワン プラス POINT

肛門腺絞りは、簡単にできないイヌもいます。動物病院では肛門に指を入れて押すこともあります。やり方がよくわからなければ、獣医師が実演して見せてくれるので、気軽に相談してみてください。

アレルゲンは食べ物だけじゃない 環境要因にも気をつけよう

アレルギー源（アレルゲン）に体が反応して、かゆみなどの症状を引き起こすアレルギー問題。食べ物がアレルゲンになることはすでに紹介しましたが（30 ページ）、アレルギーの要因はそれだけではありません。ふだん生活している環境もアレルゲンになりうるのです。

POINT 1 アレルゲンは3つある

3つのアレルゲン

イヌにアレルギーを引き起こすアレルゲンとしては、卵や乳製品、小麦などの食べ物がよく知られており、食べ物によるアレルギーが大半です。そのほか、体に触れるもの、身につけるものがアレルゲンになることもあります。アレルギーの症状としては皮膚炎になったり、咳やくしゃみが止まらなくなったりします。もうひとつ、遺伝の要因もあり、パグやコッカー・スパニエルなど、アレルギーを起こしやすい犬種がいます。

POINT 2 屋内外にアレルゲンが！

室内ではダニが生息しやすいソファーやマット、カーペット、毛布などが考えられます。イヌ用の服や首輪などもアレルゲンになりえます。屋外のアレルゲンとしては、散歩の際に触れる草や花粉があげられます。アレルギーを発症している子を草むらに入れるのはやめましょう。

POINT 3 アレルゲンを遠ざける

アレルゲンは血液検査で特定できることもあります。特定できたら、それを排除し、わんこに近づけないように注意してください。やむをえず接触してしまったら、洗い流しましょう。

こんなところにアレルゲンが！

室内のアレルゲン

敷物系はまめにそうじしたり、交換したりして、ダニが生息しにくい環境にします。

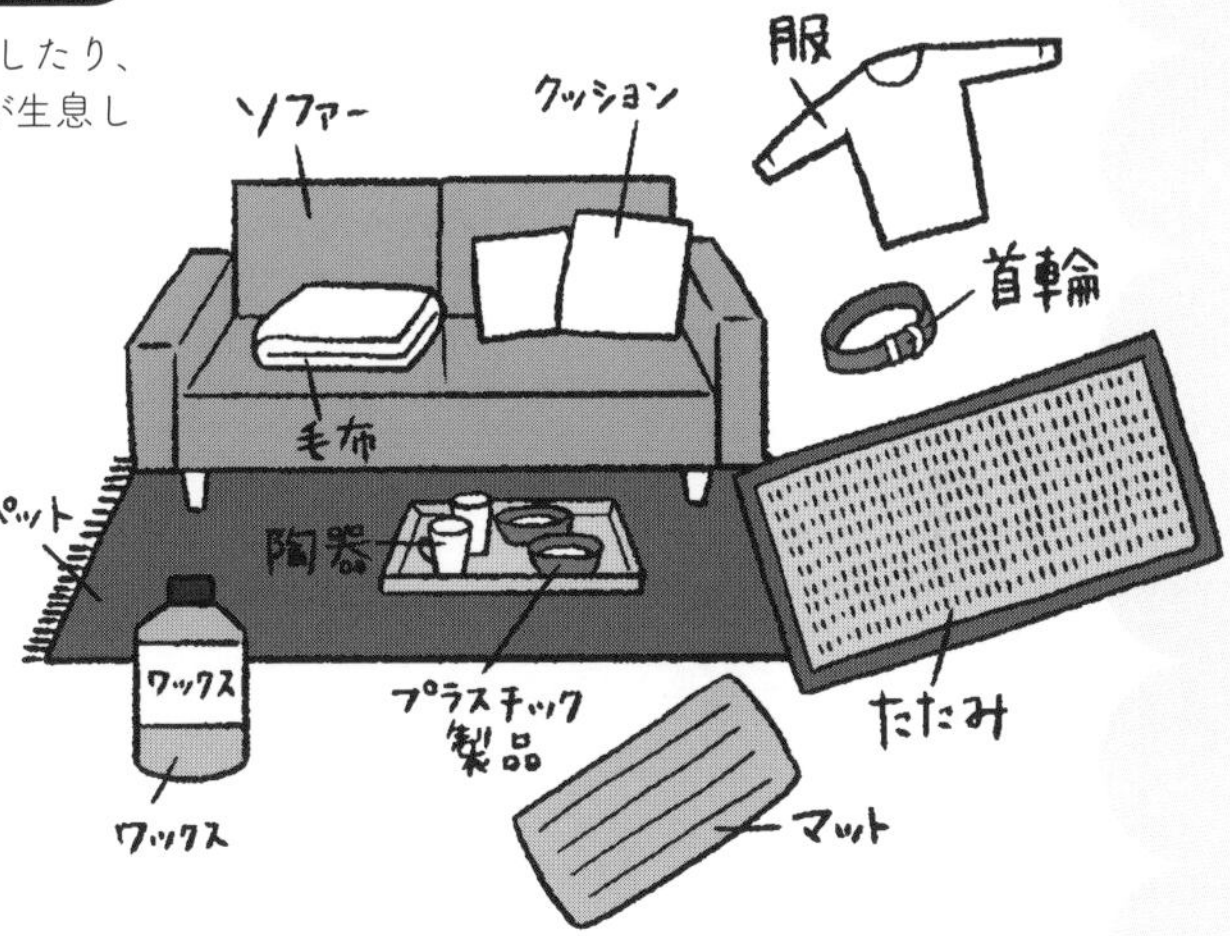

屋外のアレルゲン

散歩の際、草むらに入れないようにします。花粉にも気をつけましょう。

わんこは体温調節が苦手 暑さ・寒さには飼い主が気をつけて！

イヌは、体温調節が得意ではありません。とくに夏場の暑さに弱く、飼い主が対策を怠ると、熱中症になってしまいます。冬場の寒さも、犬種によって苦手な子が少なからずいます。適切な対策をとり、愛犬を快適に過ごさせてあげましょう。

POINT 1 エアコンが最も重要

室内飼いのわんこの場合、夏場の暑い時期、冬場の寒い時期は、原則としてエアコンを入れっぱなしにしておく覚悟が必要です。暑さに弱い子は25℃を超えたら危険信号。エアコンの温度は23～25℃程度をキープするようにしましょう。

POINT 2 エアコンは万能ではない

エアコンの設定温度がわんこにあわないこともあります。そんなとき、わんこが自分の好みの場所へ移動できるように、部屋の扉をあけておいたりするとベターです。また、人センサー対応のエアコンの場合、わんこの立ち位置まで冷風が届かないことがあるので、床付近の温度を確認しておきましょう。

POINT 3 屋外の子のケアも忘れずに

屋外飼いのわんこの場合、夏場には直射日光が当たらないように、ハウスを移動したり、行動範囲内に日陰をつくってあげたりします。冬場にはハウス内にバスタオルなどを敷いたり、段ボールを入れたりしてあげるといいでしょう。高齢のわんこや病気のわんこは、夜間だけでも室内に入れてあげてください。

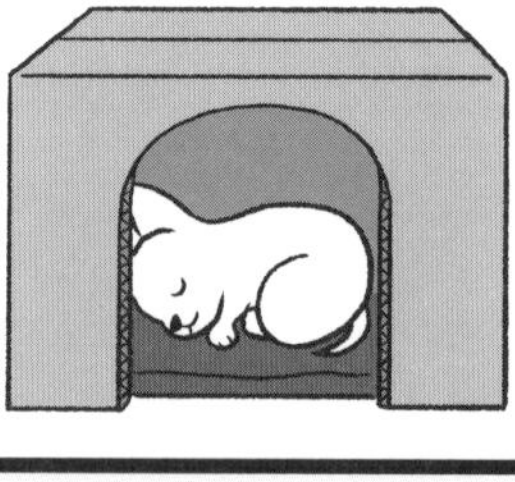

わんこの暑さ対策・寒さ対策

夏場の暑いときには……

○ エアコンをつける

温度は23～25℃程度をキープ。効かせすぎると、体調を崩したり関節炎を引き起こしたりするので注意。

× 扇風機を使う

イヌには足の裏以外に汗腺がありません。そのため、風を当てて汗を冷やす扇風機は回しても意味がありません。

○ 湿度にも気をつける

イヌはムシムシした環境も苦手。60％以上の湿度は熱中症の原因になることも。除湿をしましょう。

○ 冷却グッズを使う

エアコンの補助として冷却マットを敷いたり、冷却タオルを首に巻いたりして、ひんやりさせてあげます。水もたっぷり用意しておくこと。

冬場の寒いときには……

○ エアコンをつける

温度は23～25℃程度をキープ。ただし、イヌのなかには、寒さに強い犬種と弱い犬種がいます。トイ・プードル、マルチーズなど寒さに弱い子なら暖房をつけますが、シベリアン・ハスキーなど寒さに強い子なら暖房なしでも大丈夫です。

○ あったかグッズを使う

バスタオルを用意してあげると、わんこがくるまったりできます。湯たんぽも電気代がかからず、経済的にもお得なあったかグッズです。

ワン プラス POINT

寒さに強い犬種か、弱い犬種かは、ダブルコート（二重毛）か、シングルコート（単毛）かによって変わってきます。前者は被毛が上毛と下毛の二重構造になっているため寒さに強く、後者は下毛がほとんどないため寒さに弱くなります。

思い当たることない？
イヌはこんなことにイライラしています

現代はストレス社会。人間はさまざまなストレスにさらされ、心身に悪影響を生じさせています。イヌもストレスを感じる生き物で、過度のストレスがかかると心や体の病気につながります。わんこはどんなときにストレスを感じ、どのような症状として現れるのでしょうか？

POINT 1 何事もやりすぎはNG

わんこと暮らしていると、ついつい飼い主本位で物事を考えがちです。それが愛犬を苦しめているかもしれません。かまいすぎ、じらしすぎ、強くしかりすぎ、ひとりにしすぎ……。本音では「これ以上やめて！」「もう限界！」などと思っていて、ストレスをため込んでいる可能性があります。

POINT 2 ストレスでこんな症状が……

ストレスをため込んだわんこは、身構えて怒ったり、ちょっとしたことで吠えてしまうなど、人間に対して攻撃的になることがあります。逆に、ストレスが原因でおなかの調子が悪くなったり、食欲がなくなったりするなど、体調を崩してしまうこともあります。

POINT 3 イヌ目線で考える

イヌは言葉を発することができません。彼ら自身になにがストレスなのか、どうしてほしいのかを具体的に伝えることはできません。それを感じとってあげるのは飼い主の役目。わんこの目線に立って考えてあげてください。

ストレスを感じがちなシチュエーション

環境が悪い

室内飼いの場合、室温が高すぎたり低すぎたりするとストレスになります。さらに“汚部屋”も不快感の要因に。

肉体的な苦痛がある

“しつけ”として体罰を受けたり、怪我や病気を放置されたりしているとストレスを感じます。

精神的な苦痛がある

かわいいからとかまわれすぎたり、“しつけ”として必要以上にじらされたり、留守番で長い時間ひとりにされたりすると、辟易した気持ち、不安な気持ちを抱き、それがストレスにつながります。

ワン プラス POINT

引っ越しもイヌのストレスになることがあります。住み慣れた家からまったく新しい家への移動を、相当なストレスに感じる子もいて、トイレを失敗したり、体調を悪化させてしまったりするのです。新しい環境に早く慣れてもらえるように、わんこの生活スペースを以前と同じ配置にするとか、できるだけわんこと一緒にいて安心させてあげるなど、気を遣ってあげてください。

お医者さんキライだけど…

第4章

正しい知識が寿命を延ばす！

イヌの「病気と医療」

イヌの死因第1位は……？
小さな命を脅かす怖い病気たち

食生活や医療環境、そして飼い主の愛情に恵まれたわんこたちは、年々長寿になっています。ただし、寿命が延びるとともに、命にかかわる重大な病気にかかる率が増えているのも事実です。ここでは、現代のイヌがかかりやすい代表的な病気を押さえておきましょう。

POINT 1 がんが死因第1位

高齢犬の死因のうち、約5割はがんだといわれています。皮膚がん、乳腺腫瘍《しゅよう》、骨腫瘍、リンパ腫などがとくに多く、発見が遅れると治療が難しくなります。

POINT 2 心臓病も多い

心臓のはたらきが悪くなると、血液を全身に送り出しにくくなります。その結果、大型犬は心筋症など、小型犬は僧帽弁《そうぼうべん》閉鎖不全症などにかかりやすくなるといわれています。心臓病の罹患《りかん》率は、人間よりイヌのほうが多いです。

POINT 3 糖尿病をイヌも患う

肥満から発症するケースが多い病気です。インスリンのはたらきが悪くなると、血液中の糖が増え、尿として排出されるのです。進行すると、白内障や腎炎などになったり、衰弱して死に至ります。

POINT 4 呼吸器疾患も悩ましい

激しい咳や呼吸の仕方に異変が生じることで発見されがちな病気です。小・中型犬に多いのが気管虚脱。気管の外側の軟骨などに気管がつぶされることによって、呼吸困難が引き起こされます。

イヌの死亡原因

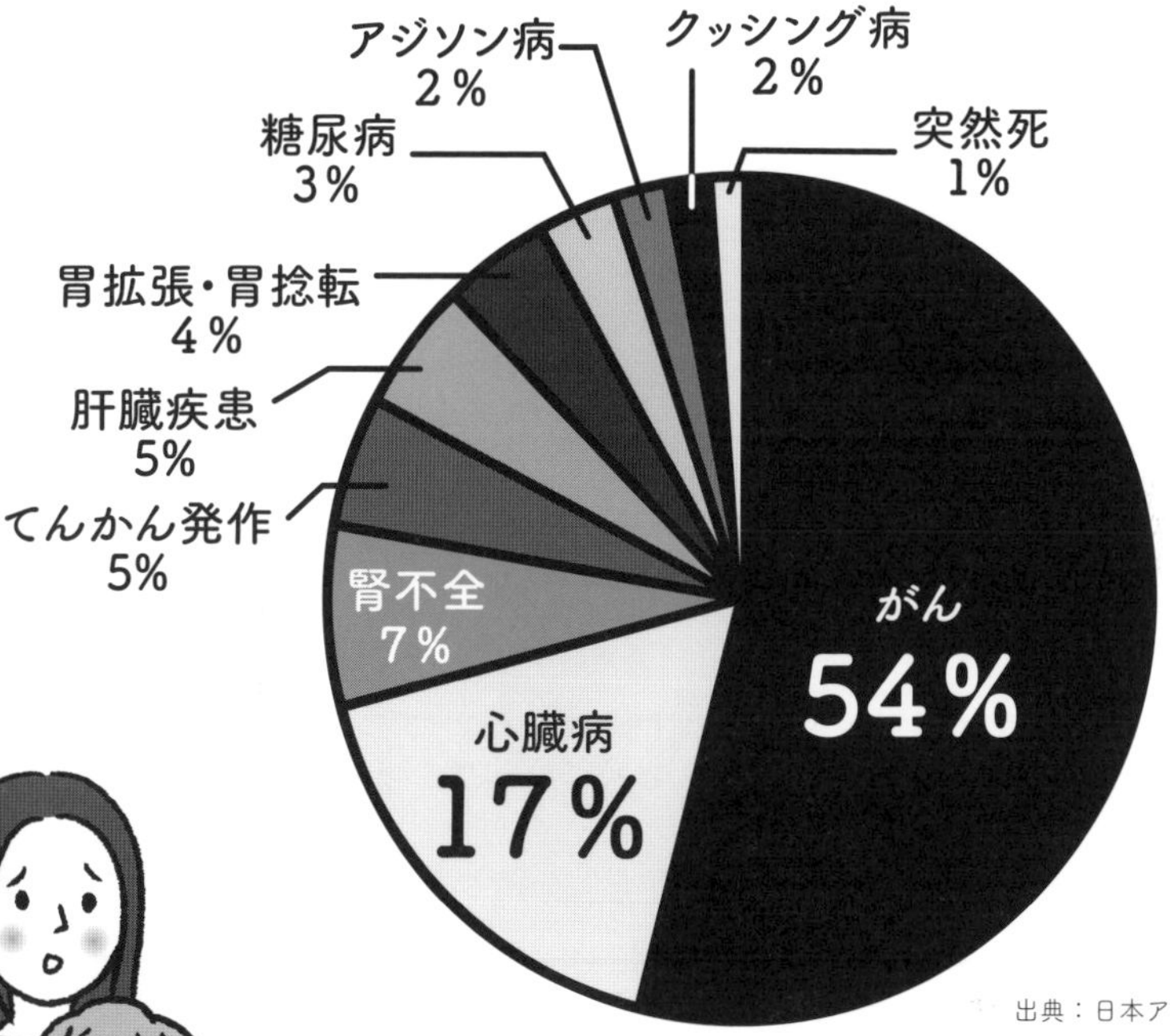

出典：日本アニマル倶楽部

最近のイヌは、上のような原因で亡くなっています。がんや心臓病などは命に直結する怖い病気ですが、早期発見・早期治療により長く生きることも可能です。愛犬の体調に異変を感じたら、すぐに動物病院で診てもらいましょう。

ワン プラス POINT

感染症もイヌの命を脅かす病気のひとつに数えられます。狂犬病、フィラリア、ジステンパーなどが感染症の代表例ですが、ワクチン接種などによって予防できるものが多いです。その点が、がんなどとの最大の違いといえるでしょう。

うちの子はどんな病気にかかりやすい？犬種別の病気傾向を知っておこう

世界には公認・非公認を含めて700～800もの犬種があるといわれており、その犬種ごとにかかりやすい病気の傾向があります。ひとつは遺伝の問題で、純血種によってかなり体系化されています。もうひとつは体の構造上の問題です。そうした傾向があるからといって、必ずその病気になるわけではありませんが、飼い主が「いつかかかるかもしれない」と心構えをしておくことは重要です。

ヨークシャー・テリア

関節疾患

プードル

関節疾患、皮膚疾患

パピヨン

関節疾患

チワワ

水頭症、関節疾患

シー・ズー

皮膚疾患

ダックスフンド

椎間板ヘルニア、免疫異常

フレンチ・ブルドッグ

脊椎異常、難産

ポメラニアン

水頭症、関節疾患

純血種がかかりやすい病気

ゴールデン・レトリーバー

皮膚疾患、白内障、腫瘍

ウェルシュ・コーギー・ペンブローク

椎間板ヘルニア

柴犬

皮膚疾患

ラブラドール・レトリーバー

皮膚疾患、白内障、腫瘍

パグ

関節疾患、角膜外傷

ミニチュア・シュナウザー

関節疾患、免疫異常

シェットランド・シープドッグ

関節疾患、皮膚疾患

ボーダー・コリー

関節疾患、皮膚疾患

マルチーズ

心臓疾患、関節疾患

ワン プラス POINT

そもそも純血種とは、人間が長い年月をかけて品種改良してきたものです。それによって人間の好みにあう犬種がつくられたのですが、狭い血縁内で交配を繰り返した結果、健康上のよくない特徴も引き継がれてしまいました。それがこのような病気の傾向になっているのです。

病気の兆候① 体の変化は病気のサイン
小さな異変を見逃さないで！

病気は早期発見できれば、治る確率も高まります。逆に発見が遅れてしまうと、命とりになることも……。愛犬の健康を守るためには、日頃からわんこの様子をよく観察しておくこと。わんこが発する病気のサインを見逃さないようにしてください。

目やにがひどい→感染症など

目やにはさまざまな原因で出るもので、薄い色の目やにはそれほど心配ありません。でも、黄色い目やには、目の感染症や炎症が疑われます。放っておくと悪化するので、早めの受診を。目薬で治療できます。

黒目が白く濁っている→白内障など

白内障は、目のレンズの役割を担っている水晶体が白濁する病気。黒目の中心がまっ白なら、その可能性があります。末期になると失明してしまいますが、初期段階なら点眼薬で進行を遅らせることができます。

口臭が強くなった→歯周病、歯槽膿漏、口内炎など

歯石がたまって歯周病になったり、口内炎が進行していたりすると、口がとても臭くなります。歯周病の場合、歯茎が赤く腫れることも。また、内臓の問題が口臭につながっていることもあります。

気をつけたい体の変化

耳が臭う→外耳炎、中耳炎など

耳垢がたまり、空気に触れると、悪臭を発します。また、耳に細菌が入って感染すると、外耳炎や中耳炎になり、イヌはかゆみに襲われます。

脱毛がひどい→アレルギー性皮膚炎、皮膚真菌《しんきん》症など

季節の変わり目に大量の脱毛があるのは普通ですが、生え変わりではなく、たくさんの毛が抜けるなら、アレルギーや真菌性（カビ）・細菌性の感染症などが疑われます。異常を感じたら、早めに受診しましょう。

皮膚に湿疹や膿《うみ》ができた→膿皮《のうひ》症

免疫力が低下しているときに細菌に感染すると、顔や腋《わき》の下、内股などに炎症を起こすことがあります。初期段階では発疹が見られ、進行すると膿をもち、発熱することも。

おなかが膨れてきた→フィラリアや心疾患、子宮蓄膿《ちくのう》症、腫瘍など

食べすぎで肥満ぎみなのだろうとカン違いしがちですが、とくに食べすぎでもないのにおなかが膨れていたら、フィラリアや心疾患、子宮蓄膿症などによる腹水が考えられます。また、腫瘍の可能性もあるので、すぐに動物病院に行きましょう。

病気の兆候② 体とともに行動もチェック
病気のサインは行動の変化にも現れる！

病気の兆候は体の変化だけでなく、行動の変化にも現れます。歩き方がおかしい、やけにゼーゼーしている、おしっこする回数が多い、よく吐くようになったなど、愛犬の行動がいつもと違っていないかどうか、気をつけて見るようにしてください。

歩き方がヘン→骨折、捻挫、脱臼、肉球の損傷など

脚をかばったり、引きずるように歩いていて、触ってみると痛がるようなら、骨折や捻挫の可能性があります。イヌの脚は丈夫ですが、高いところから飛び降りたり、フローリングの床で滑ったりした結果、脚を痛めることがあります。また、外出時に割れたガラスを踏んだりして、肉球を傷つけたときも、歩き方がおかしくなります。

散歩を嫌がる→怪我、内臓疾患

いつもは散歩好きなわんこが突然、散歩に行きたがらない。それは脚に怪我をして痛いとか、内臓に変調をきたして動きたくないといった原因が考えられます。散歩拒否＝体調不良の可能性が高いです。

しきりにかゆがる→皮膚病など

顔や目の周りをかいたり、なめたりしている場合、皮膚のトラブルの可能性が高いです。皮膚病はアレルギーによるもの、細菌・感染症によるもの、寄生虫によるものがあります。原因をはっきりさせるために、まずは動物病院で診てもらいましょう。

気をつけたい行動の変化

呼吸が荒くなった→呼吸器疾患、気管支炎、心臓病など

激しい運動の直後にゼーゼー呼吸をしているぶんには問題ありません。なんでもないときに荒い呼吸をしているなら、呼吸器疾患などが疑われます。また、咳が何日も続く場合は、気管支や肺、心臓などの疾患が考えられます。

水を飲む量が増えた→糖尿病、腎不全、腫瘍など

やたらとたくさん水を飲みたがるのは糖尿病の症状でよく見られます。糖と一緒に水分が尿として排出され、喉が渇くからです。飼い主が水を制限すると、今度は脱水症状を引き起こしてしまうので、早めに受診して対策を考えましょう。

よく吐くようになった→消化器系疾患など

イヌの嘔吐は決して珍しくありませんが、数日以上続いたり、急に激しく吐いたり（吐出）したときは注意が必要。消化器系の疾患があるかもしれません。とくに数日以上の嘔吐と短期間での体重の減少が見られるような場合は、深刻な病気の可能性が高まります。まずは動物病院で原因を突き止めましょう。

食欲がない→内臓疾患、感染症など

ほとんどのイヌは食べることを生き甲斐のひとつにしています。そんなイヌが食欲を失くしてしまうというのは一大事。口内炎などが原因なら回復ししだい食欲も戻るでしょうが、そうでないなら内臓に疾患があることなどが考えられます。すぐに受診すべきです。

おかしいなと思ったら、まずは体温をはかってみよう

人間の健康状態を知るうえで、体温は重要な指標です。それはイヌも同じで、様子がヘンだなと思ったら、まず体温をはかってみることをおすすめします。イヌの平熱は38. 5～39. 5℃。個体差はありますが、それくらいが健康なイヌの平熱とされています。

POINT 1 イヌの平熱は人より高い

イヌの平熱は人間の平熱より2～3℃高い38. 5～39. 5℃です。39. 5℃以上なら明らかな発熱があり高熱、逆に38℃を下まわると低熱と判断されます。

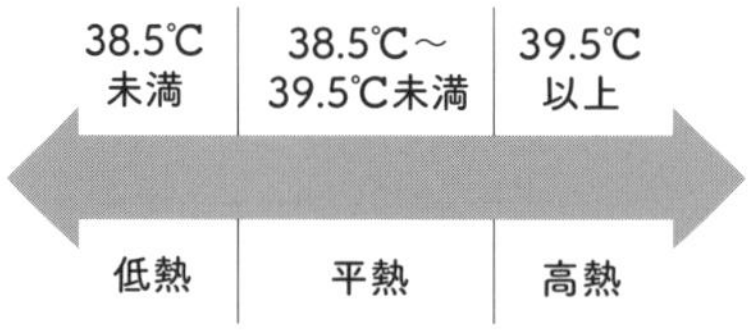

POINT 2 愛犬の平熱を把握しておく

イヌの平熱は、年齢が上がるほど、体が大きくなるほど、低くなるといわれています。また朝の起床時が最も低く、夕方が最も高いともいわれています。さまざまな要因によって変化するため、いろいろな条件のもとで体温測定を行い、平熱を把握しておくようにしましょう。

POINT 3 高熱より低熱のほうが怖い

イヌの場合、運動直後などに40℃を超えることがあり、高熱＝重病とは必ずしもいえません。一方、低温は危険です。38℃を下まわったときはなにかしらの異常があると考えられ、最悪、命にかかわることも。低温になったらすぐに動物病院に連れて行ってください。

わんこの体温のはかり方

①安静にさせる

運動後や興奮状態のイヌの体温は、38.5～39.5℃以上になることが少なくありません。体温測定は落ち着いた状態のときに行いましょう。

②お尻に体温計をさし込む

しっぽをやさしくつかみ、ハンドクリームやワセリンを塗ってから、体温計を肛門に２～３㎝ほどさし込みます。肛門の穴はまっすぐではなく、グネグネしています。体温計が進められず押し返されたら、向きを変えてみるとスルッと入ります。

③体温をはかる

わんこはほとんど痛みを感じていないので、落ち着いて体温をはかります。そしてはかり終えたら、体温計をやさしく抜いてください。

ワン プラスPOINT

体温計を使わなくても、耳や腋の下、おなかを触れば、体温がいつもより高いか低いかが肌感覚でわかります。日頃から意識して触るようにしていると、変化に気づきやすくなります。

最低でも月イチで体重をはかり、健康状態を把握する

体重もまた、イヌの健康状態を知るための指標になります。元気なときの愛犬の体重を把握しておけば、その増減によって体調を推察でき、肥満や病気の予防につながるのです。

POINT 1 月に1回は必ずはかる

体重測定は定期的に行います。１～２週間隔が理想です。忙しくて難しいという人も、月に１回は必ずはかるようにしましょう。

POINT 2 体格に応じたはかり方を

小型犬の体重測定は、人間の赤ちゃん用の「ベビースケール」を使うとラクチン。安価でおすすめなのは、わんこをキャリーバッグに入れたままで測定できる「吊り下げデジタルはかり」です。大人用の体重計にわんこを抱っこした状態で乗って測定し、飼い主の体重をさし引く方法もあります。大型犬は専用の体重計を使うか、動物病院ではかってもらいます。

POINT 3 同じ時間帯ではかる

人間と同じく、イヌも１日のなかで体重が変わります。食事の前後やうんちの前後で微妙に変化するので、体重測定はいつも同じ時間・タイミングで行わなければいけません。

POINT 4 急激な減少は危険なサイン

成犬の体重が増えた場合、食べすぎが原因のことが多いです。肥満は万病の元なので、食生活を見直しましょう。減った場合、それが急激な減少ならば重大な病気を患っている可能性があります。一刻も早く動物病院へ行きましょう。

わんこの体重はこうしてはかる

小型犬の場合①

わんこを体重計の上に直接座らせます。人間の赤ちゃん用の「ベビースケール」（左）を使うと、乗せやすいうえ、正確な数値をはかることができます。わんこをキャリーバッグに入れたままで測定可能な「吊り下げデジタルはかり」（右）を利用するのもおすすめです。

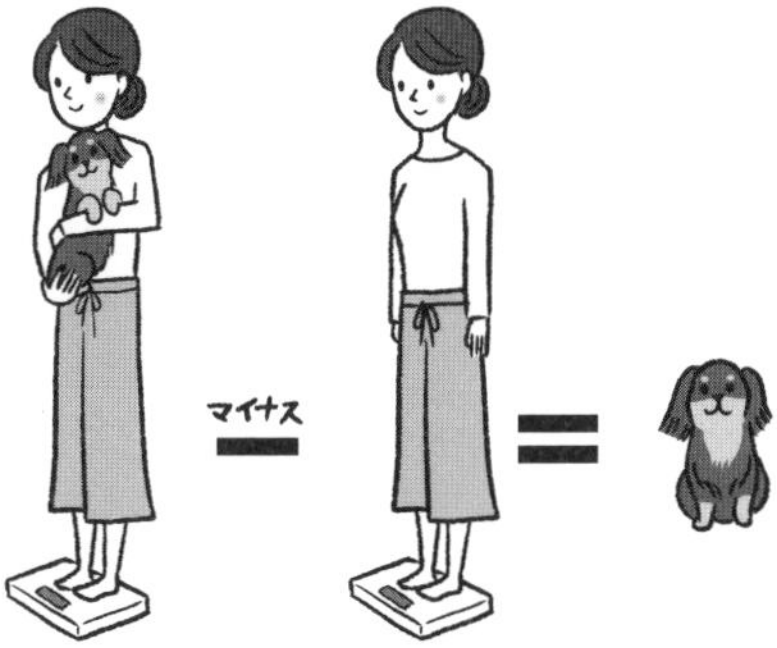

小型犬の場合②

大人用体重計に飼い主がわんこを抱っこした状態で乗り、１人＋１匹の体重をはかります。その後、飼い主の体重をさし引くと、わんこの体重を割り出すことができます。

大型犬の場合

わんこを抱っこして体重計に乗るのが難しいようなら、大型犬を乗せられる専用の体重計を購入しましょう。もちろん、小型犬や中型犬もはかれるので、なにかと便利です。

ワン プラス POINT

イヌの健康を確認する指標としては、体重（BW ボディ・ウェイト）だけでは十分とはいえません。82～83ページで紹介したBCS（ボディ・コンディション・スコア）、MCS（マッスル・コンディション・スコア）をあわせた３つの指標を把握しておくことにより、さまざまな病気を早期に発見することができます。BW、BCS、MCSの３つを覚えておきましょう。

お薬のキライなわんこに、スムーズに投薬するにはどうすればいい？

動物病院で薬を処方されることがあります。治療のために必要なものですが、イヌはそれがなんなのかわかりません。おとなしく飲み込んでくれる子がいる一方、ガンとして飲もうとしない子も少なくありません。そんな頑固なわんこたちに、どうやって薬を飲ませたらいいのでしょうか？　ここでは、投薬のコツを紹介します。

POINT 1　飼い主が身構えてはダメ

「さあ薬飲むよ～」と身構えて愛犬に向かっていく飼い主はいないでしょうか。イヌは主人の感情や場の雰囲気を察知するのが上手な生き物。薬に抵抗のある子はイヤな空気を察して、警戒を強めてしまいます。できるだけリラックスし、素知らぬふりで飲ませにかかるのがコツです。

POINT 2　わんことの関係性が重要

わんこと日頃からスキンシップをとっていれば、薬を上手に飲ませられる確率が高まります。スキンシップのポイントは、口の周りや口のなかを触られることに慣らしておくこと。これができるかどうかで、投薬の手間が大きく異なります。

POINT 3　薬の形状ごとにコツがある

イヌ用の薬はさまざまな形状をしています。そのうち、自宅で与える代表的な薬が錠剤（カプセル）、粉末、水薬（液体の薬）です。それぞれ飲ませ方にコツがあるので、きちんと覚えておきましょう。

薬の上手な飲ませ方

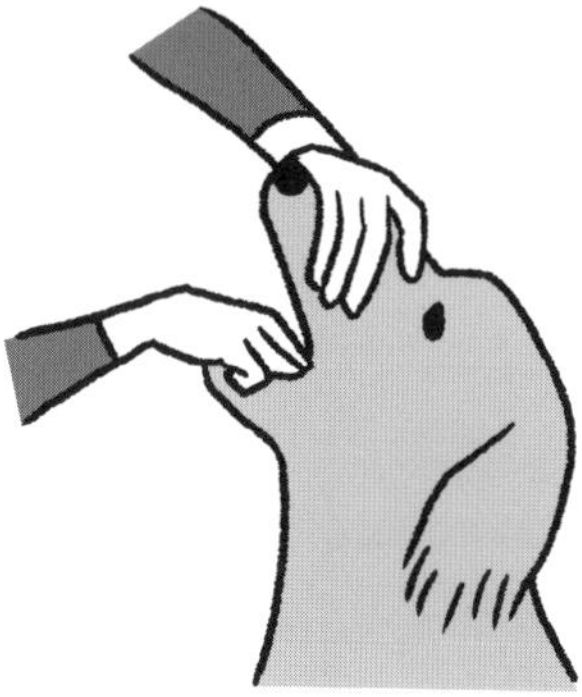

錠剤の飲ませ方

まず、利き手と逆の手で上あごをもって軽くあけ、利き手で下あごをあけます。口があいたら、錠剤を舌の上にのせます（なるべく奥のほうに）。その後、口を閉じさせて数秒上向きに。「ゴクリ」としたら飲み込んだサインです。あるいは、錠剤をフードのなかに包み込んで飲ませてしまう方法もあります。この方法を使うケースが最も多いので、早くマスターできるといいですね。

粉薬の飲ませ方

苦い粉薬の場合、フードのなかに混ぜて飲ませるのが基本です。ドライフードには混ぜられないので、ウェットタイプやセミモイストタイプのフードに混ぜて与えてください。あるいは、少量の水で溶かした粉薬を練り、上あごや舌の裏側に塗りつけて飲ませる方法もあります。

水薬の飲ませ方

まず、スポイトやシリンジ（針がついていない注射器）に水薬を入れます。次に、イヌの口を上向きにして、犬歯の後ろにあるすき間から少しずつ飲ませます。粉薬を水に溶いて飲ませる場合も同じです。

ワン プラス POINT

イヌによっては本気で薬を嫌がる子もいます。それでも飲ませようとすると、怒って噛まれてしまうことも。無理強いすればするほど抵抗を強めるので、いったん時間をおいたほうがいいかもしれません。飲まないからといってしかったりするのは絶対にダメです。

怖い病気① 人間の死因第1位のがんがたくさんのイヌを苦しめている！

人間の死因第１位のがん（悪性腫瘍）は、イヌの世界でも最も多い死因となっています。がんになる要因はさまざま。食生活や生活環境の影響が大きいですが、遺伝なども関係しており、完全に予防するのは不可能な状況です。完治させるのも容易でないため、がんと診断されると、飼い主も絶望的な気持ちになるでしょう。でも、がんにかかったとしても、愛犬との関係は続きます。そこで愛犬とどう向き合うかが、飼い主にとって重要です。

POINT 1　早期発見が大事

がんは体のいたるところにできます。放置しておくと、どんどん増殖して転移してしまい、手のほどこしようがなくなります。体の表面にできものができた、急に体重が減った、貧血ぎみ、熱がある、何度も吐くといったものががんの症状としてあげられますが、いずれにせよ、早く発見することが大事です。日頃の健康管理や定期健診も忘れてはいけません。

POINT 2　こんながんが多い

イヌがかかりやすいがんをいくつかあげるとすれば、リンパ腫、乳腺腫瘍、肥満細胞腫、扁平上皮がん、骨の腫瘍、内臓の腫瘍などです。骨や内臓のがんは無理ですが、全体の７割くらいは皮膚の表面から確認できるといわれています。

POINT 3　治療法もさまざま

狭い範囲の腫瘍なら手術で切除することができます。外科手術が難しければ、放射線治療もあります。血液のがんであるリンパ腫などは、抗がん剤で進行を抑えたり、転移を防いだりする方法が効果的です。獣医師と話し合い、しっかり方針を立てて治療にのぞみましょう。

愛犬のがん予防のために飼い主ができること

食生活に気をつける

食は健康の第一歩。添加物が多い食べ物やカロリーが高い食べ物をあげていると、がんのリスクが高まるといわれています。食生活を見直してみましょう。

ストレスフリーを目指す

心身にストレスがかかると、体の免疫力が低下します。その結果、がんのリスクが高まります。接し方、日常生活、周辺環境など。愛犬に過度のストレスをかけていないか、あらためて見直してみましょう。

受動喫煙させない

タバコによる害は、直接タバコを吸う本人よりも、副流煙を吸う周囲の人のほうが大きいともいわれています。イヌも副流煙の影響を受け、鼻腔のがんなどにつながるケースがあります。イヌはニオイに敏感なため、タバコのニオイによるストレスも考えられます。

ワンプラスPOINT

がんの進行が遅く、余生があまり長くないシニア犬の場合、無理に手術をせず、薬で痛みをコントロールし続ける方法もあります。手術より体の負担が軽く済みますし、治療しながら天寿をまっとうできることも珍しくありません。

怖い病気② 高齢化の宿命ともいえる認知症
愛犬が痴呆になったらどうする？

イヌの寿命が延びるにつれて、認知症になる子が増えてきました。11～12歳のイヌの28%、15～16歳のイヌの68%に認知症の症状が認められるという海外の調査報告もあります。認知症になってしまったわんこはどうなるのか、どのように対処すればいいのか、基本事項を知っておきましょう。

POINT 1 認知症の症状を知る

認知症になると、運動機能が低下します。名前を呼んでも無反応、あるいは無気力になったり、夜中に起きて吠えたり（夜鳴き）、夜な夜な夢遊病者のように歩きまわったり（徘徊）、どこでも排泄したり……。そして最後は寝たきりに近い状態になってしまいます。

POINT 2 生活に刺激を与えて予防する

単調な毎日が認知症を進める要因になります。そこで新しいおもちゃを与えたり、散歩コースをたまに変えてみたり、積極的にコミュニケーションをとるなどして、生活に変化をつけます。それが脳への刺激になり、認知症の予防につながります。

POINT 3 早期発見・早期治療を

現在のところ、認知症の根本的な治療法はありません。ただし、投薬により症状の進行を抑えられることもあります。症状が悪化する前に、動物病院へ行きましょう。

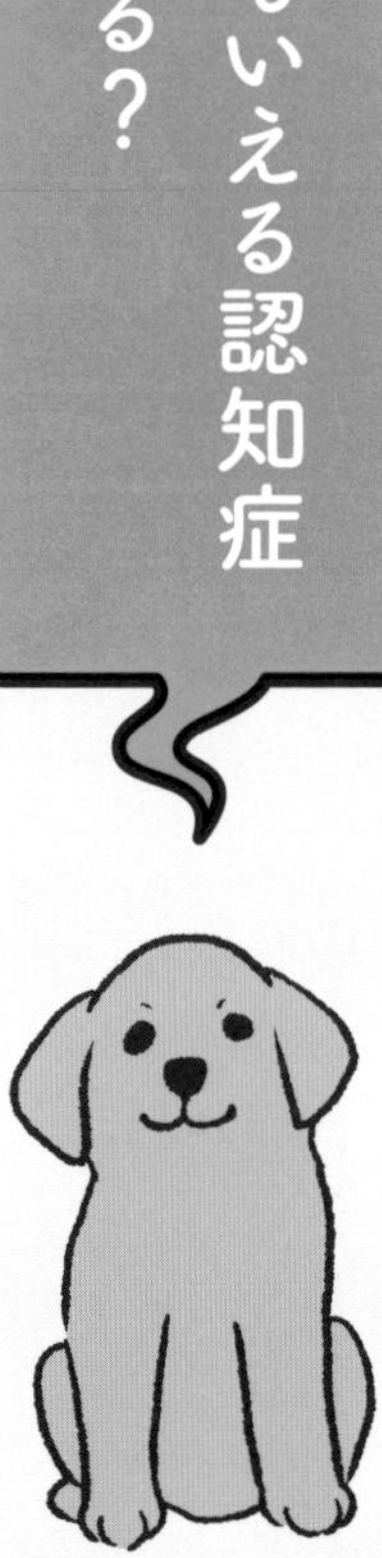

夜鳴きや徘徊の対処法

夜鳴きが止まらない……

愛犬の夜鳴きは飼い主を始めとする家族にとっても相当なストレスになり、心身ともに疲弊します。睡眠薬や精神安定剤によって抑えることができますが、精神安定剤は認知症を進めてしまう可能性もあるので注意が必要です。近所の反応が心配であれば、ひと言挨拶しておくといいでしょう。

徘徊をやめない……

夜中、ひたすら歩き続けるわんこは円形にしたケージのなかに入れておくという手があります。ぶつかって怪我するのを防ぐためにケージにマットをつけたり、排泄に備えてトイレシートを敷き詰めたりするなど工夫しましょう。

ワン プラス POINT

認知症の症状をやわらげるには、体内の活性酸素を除去する働きがあるビタミンやβカロチンといった抗酸化物成分をとるといいといわれています。また、認知機能低下や脳の萎縮の抑制作用が期待できるEPAやDHAなどのオメガ3脂肪酸が多く含まれているフードを導入したり、サプリメントを摂取したりすると効果的ともいわれています。

怖い病気③ 軽い運動でゼーゼーしていたら心臓病を疑ってみよう

散歩中、あるいは軽く遊んでいるときなどに、わんこが「ゼーゼー」と呼吸を荒らげていたり、咳き込んでいたりしませんか？　それはもしかすると、心臓が衰えているサインかもしれません。内臓機能は老化にともない衰えるものですが、定期健診でなるべく早く気づいてあげることが大切です。

POINT 1　心臓はとくに重要な臓器

心臓には、酸素と栄養を含んだ血液を全身の細胞に送り出す機能があります。イヌの場合、年齢を重ねるにつれて心臓病の発生率が高まりますが、太りすぎやフィラリアなどが影響することもあります。

POINT 2　主な心臓病は2つある

イヌの心臓病で多いのは、慢性弁膜症と心筋症。慢性弁膜症は心臓の弁膜がうまく閉じ開きしなくなり、全身に送り出される血液の量が減ってしまいます。心筋症は心臓の筋力が低下したり肥厚することにより、ポンプ効率が悪化してしまいます。

POINT 3　心臓病の症状を知る

軽い運動で息を切らす、たびたび咳をするなどの症状が見られるようなら心臓病が疑われます。おなかや脚がむくむ、よく転倒する、失神するといった症状が出たら末期と考えてください。そうなる前に受診し、投薬や処方食で対処してください。

怖い病気④ 症状が出ないから難しい
腎不全や肝臓疾患などの内臓の病気

肝臓、腎臓、胃、大腸・小腸……。心臓以外の臓器も、加齢とともに弱っていき、病を患います。たとえば、腎臓なら腎不全、肝臓なら肝疾患（肝臓病）がイヌの死因第５位までに入っています。腎臓が壊れて機能しなくなる腎不全は老年性のものが多く、飼い主が気づかないうちにじわじわ進行します。肝機能の低下などを引き起こす肝疾患は、症状が現れにくく、症状が出たときは、すでに進行していることが珍しくありません。

POINT 1 多飲多尿は腎不全の信号

腎不全はゆっくり進行し、飼い主になかなか気づかれません。それでも多飲多尿の症状が早い段階から見られるので、そこに注意してください。発症してしまった場合は、処方食と投薬によって残された機能を守っていきます。

POINT 2 イヌは肝臓をやられがち

肝臓もまた、症状が現れにくく、気づいたときには相当進行していることの多い臓器。発症すると、分解能力が低下します。食欲減退、嘔吐、体重減少、白目や歯茎の黄色化といった副作用があります。治療は良質なたんぱく質を適量摂取するなど食事療法によって対処することになります。

POINT 3 表面化する前に発見する

「肝臓は沈黙の臓器」といわれ、なかなか症状が現れません。表面化したときには相当進行しているので、その前に検査で発見して治療する必要があります。

怖い病気⑤ イヌも糖尿病にかかる！
日頃の生活習慣を見直して予防しよう

糖尿病は現代人の生活習慣病としてよく知られていますが、イヌもかかります。イヌが糖尿病にかかってしまうと完治させるのは難しいとされ、進行している場合はインスリン注射などで治療しなければいけません。愛犬を糖尿病から守るためには、生活習慣を見直し、予防することが重要です。

POINT 1 太りすぎの子は注意

そもそも糖尿病は、すい臓でつくられるインスリンが不足したり、うまく作用しないことにより、血液中の糖（ブドウ糖）の濃度（血糖値）が高くなってしまう病気のこと。主な原因は加齢によるホルモンの減少や肥満、生活習慣などで、7歳以上の成犬がかかりやすいといわれています。

POINT 2 合併症が怖い

糖尿病の初期の場合、多飲多尿や体重の減少といった症状が見られます。症状が進行すると、元気がなくなったり、食欲不振、下痢、嘔吐などが起こります。さらに合併症を引き起こすことも多く、網膜症や白内障、腎疾患、肝疾患などを招くことがあります。

POINT 3 まずは予防が重要

初期ならば食事療法で対処しますが、進行している場合は食事療法とともにインスリン注射をして血糖値を安定させます。注射は基本的に飼い主が自宅で行うことになります。糖尿病を防ぐために、日頃から食事や運動量に気をつけるようにしてください。

怖い病気⑥ 多岐にわたる皮膚病も、生活習慣の改善が治癒につながる

イヌは皮膚の病気がとても多い動物です。直接命にかかわる皮膚病はほとんどありませんが、治りにくいうえ、放っておくと悪化するやっかいな病気です。わんこもかゆみで相当につらい思いをしていると想像できます。

POINT 1　3種の皮膚病がある

皮膚病はアレルギーによるもの、寄生虫によるもの、細菌・真菌によるものという３種類に分類されます。アレルギーによる皮膚病は食べ物が原因で起こる食物アレルギーや、花粉・ハウスダストなどが原因で起こるアトピーなどが代表的。寄生虫による皮膚病はダニに刺されることで引き起こされるツメダニ症や疥癬《かいせん》、アカラスなどが知られています。細菌・真菌による皮膚病は膿皮症や皮膚糸状菌《しじょうきん》症などが代表的で、膿皮症はイヌの皮膚病のなかではとくに多いです。

POINT 2　日本犬より洋犬に多い

洋犬の純血犬種の多くは、なにかしらの皮膚トラブルを抱えています。そもそも洋犬は高温多湿な日本の気候に向いていないのです。

POINT 3　地道な治療を

皮膚病は治りにくいものが多いです。そのため治療途中でわんこがかゆみにがまんできず、引っかいて傷をつけてしまうことがよくあります。それでも根気よく抗生物質などで治療を続けてください。アレルギーによる皮膚病には生活習慣の改善も必要です。

怖い病気⑦異常気象が増えたいま、わんこの熱中症対策に注意が必要

夏の暑さはイヌにとって大敵です。体温調節できる汗腺《かんせん》が足裏以外にないこともあって、人間よりも熱中症になりやすいのです。熱中症はわんこの命にかかわる病。万一の事態にならないように、しっかり予防・対策をしましょう。

POINT 1　エアコン代をケチらない

イヌの熱中症は、エアコンもつけずに室内や車中に放置したというケースが多いです。「朝はわりと涼しかったのに、日中になって急激に気温が上がり、部屋が温室のように暑くなってしまった」などという経験はありませんか？　そんな部屋に置き去りにされたイヌは地獄です。留守番させるなら、室内の風通しに気をつけ、エアコンの管理を万全にしてください。

POINT 2　サインを見逃さないで

わんこが荒い呼吸を繰り返し、よだれを垂らしている。あるいは、夜になって気温が下がったのにぐったりしている——。暑い季節にそんな状態のイヌを見かけたら、熱中症の初期症状と考えたほうがいいかもしれません。そのまま放置してしまうと、意識がもうろうとするなか、痙攣したり、失神したりして、ついには死に至ります。

POINT 3　応急処置で命を救え！

熱中症になったイヌを助けるためには、とにかく体温を下げなければいけません。体全体に水をかけ、氷のうで冷却。水を飲むようならできるだけたくさん飲ませてあげてください。そして応急処置をしながらかかりつけ医に電話し、うちわなどで扇ぎながらクルマで動物病院に連れて行きます。

熱中症のわんこに応急処置を！

水をかける

お風呂場に連れて行き、シャワーで全身に水をかけます。毛深い犬種の場合、首回り、胴体の下面、脇、股などにシャワーを強い水圧でかけ、水を地肌まで届かせてください。

氷のうで冷やす

氷のうを使い、頭頂や喉元、腋、おなかなどを冷やします。

水を飲ませる

わんこに意識があり、水を飲むようなら、冷たい水をたくさん飲ませましょう。イヌは唾液を蒸発させることで熱を逃がしているので、舌に冷水を垂らすことで効果的に体温を下げることができます。

動物病院へ連れて行く

応急処置を済ませたら、できるだけ早く動物病院に連れて行き、かかりつけ医に診てもらってください。

ワン プラス POINT

日本の平均気温は、昔に比べて上がっています。30～40年前の感覚でいると、人間もペットもみな熱中症で倒れてしまうでしょう。とくにお年寄りは暑さに対する感覚が鈍いこともあり、エアコンをあまり使いません。その結果、熱中症で亡くなるケースが増えているのですが、お年寄りより先にペットが熱中症で倒れてしまうことも少なからずあります。

足腰が衰えたシニア犬のために
バリアフリーの住環境を整えよう

歳を重ねたイヌは、骨や関節、筋肉が次第に弱っていき、足腰の衰えに悩まされるようになります。段差の上り下りが難しくなったり、障害物を嫌がるようになったりするでしょう。残念ながら、そうした症状が劇的に改善するケースは多くありません。シニア犬ができるだけ快適に過ごせるよう、室内環境を整えてあげるのがベターです。

POINT 1 段差をなくす

足腰が弱くなったわんこが階段を上り下りするのはとても危険。階段を踏み外して大怪我する事故は珍しくありません。ふだんの生活空間は1階に限定し、段差にはスロープやステップを用意するなどして、負担を減らしてあげましょう。

POINT 2 床を滑りにくくする

フローリングのような滑りやすい床は、わんこの足腰の負担になりがち。マットを敷くなどして、床を滑りにくくしてあげましょう。

POINT 3 電気コードを片付ける

電気コードがわんこの脚に引っかかったり、絡まったりすることがあります。健康な子にはたいしたことではありませんが、足腰の弱った子にとっては負担になります。移動の邪魔にならないよう、コードはきれいに整理しておいてください。

POINT 4 部屋の模様替えをしない

老化にともない、足腰だけでなく視力も弱ったわんこは、家具の配置などが変わると、柱や角、出っぱりにぶつかる恐れがあります。部屋の模様替えはなるべく避けてください。

シニア犬にやさしいバリアフリー環境

段差

スロープやステップなどを用意して、段差をなくします。

階段

転落事故を防ぐため、階段を上り下りしないようにします。生活空間は１階に限定。

フード・水・トイレ

同じ部屋に置いておき、それほど遠くまで歩かなくても済むようにします。

床

マットを敷いて、床を滑りにくくします。

コード

移動する際、脚に絡まないように整理します。

ワン プラス POINT

足腰の不自由なわんこを散歩させたいときには、ペットバギー（ペットカート）が役に立ちます。購入時には、振動が少なく安定しているか、操作しやすいハンドルか、わんこが急に飛び出せない深めのキャリーかといった点に注意して選ぶといいでしょう。

猛威を振るう新型コロナウイルス その脅威から愛犬を守る方法は？

2019年12月以降、世界的な流行となった新型コロナウイルス感染症（COVID-19）。日本でも感染者が増え続け、2021年4月時点で終息の見込みは立っていません。このコロナ禍において、私たちはイヌとどのように接していけばいいのでしょうか？

POINT 1 人間→イヌの感染例がある

新型コロナウイルスは、人間から動物へも感染すると考えられています。ネコは飼い主から感染したとみられる例のほか、ネコ同士の伝播《でんぱ》もあるようです。一方、イヌはネコより感染例が少なく、感染が起こりにくいとされていますが、感染しないわけではありません。ちなみに、イヌやネコから人間への感染例は、これまでは報告されていません（ミンクから人間への感染例はあり）。

POINT 2 イヌは感染しても無症状？

新型コロナウイルスに感染した場合、ネコは呼吸器や消化器に症状が見られました。それに対してイヌは、はっきりした症状が確認されなかったそうです。

POINT 3 愛犬と接する前に消毒を

飼い主が愛犬に新型コロナウイルスを感染させてしまう可能性はあります。感染したわんこが無症状だとしても、できることなら感染させたくないものです。愛犬への感染を防ぐために、ごはんをあげたり、遊んだりする前に、手指用アルコールでの消毒などを忘れずに行うようにしましょう。

愛犬への感染を防ごう

消毒をマメにする

飼い主から愛犬に感染しないように、わんこと接する前に消毒を欠かさないようにしてください。

感染したら愛犬との接触を避ける

不幸にも飼い主自身が新型コロナウイルスに感染してしまったら、愛犬との接触をできるだけ避けたほうがいいでしょう。ただし、そのままでは愛犬の体にウイルスが付着している可能性があるので、接触を断つ前にシャンプーをしてください。

世話が困難になったら愛犬を預ける

重症化した場合、わんこの世話が難しくなる事態が考えられます。ほかに家族がいればいいですが、ひとり暮らしで自宅待機を強いられるようなら、親戚や知り合い、ペットホテルなどに預けることを考えたほうがいいかもしれません。

ワンプラスPOINT

ペットに関する新型コロナウイルス情報は、厚生労働省や環境省のウェブサイトに解説されています。動物病院のウェブサイトなどにも情報が出ているので、いざというときのために確認しておくといいでしょう。

元気だったわんこが寝たきりに……自宅での介護の仕方

人間と同じように、イヌも寝たきりになることがあります。悲しいことですが、生き物ですから仕方がありません。ただ、元気であったとしても、寝たきりになってしまったとしても、愛犬は愛犬。最後まできちんと介護してあげるべきです。

POINT 1 床ずれを未然に防ぐ

寝たきりになり、寝返りもできなくなると、皮膚が摩擦を受けて床ずれができてしまいます。床ずれは治りにくいので、未然に防ぐことが重要です。寝返りが打ちやすい高反発ファイバーマットレスや、通気性のいいダブルラッセルメッシュ生地のカバーがおすすめです。

POINT 2 おむつはなるべく使わない

寝たきりのわんこにおむつをつけて排尿させると、尿がおむつからあふれ出してしまううえ、おむつの内部がぐっしょりになり、細菌感染性膀胱炎と下腹部の湿疹を併発する可能性が高まります。寝たきりのわんこにはおむつはつけず、大きなゴミ袋で包んだマットレスの上に吸水トイレシートを敷いて排尿させるのがおすすめです。

POINT 3 食事は注射器で

イヌの状態によっては、寝たきりでごはんを自力で食べられなくなってしまうケースもあります。その場合、専用の流動食や、ミキサーでペースト状にしたウェットフードを注射器（シリンジ）で口に入れてあげましょう。ただし、無理矢理口に入れるのではなく、わんこ自身の意思で飲み込ませることが重要です。

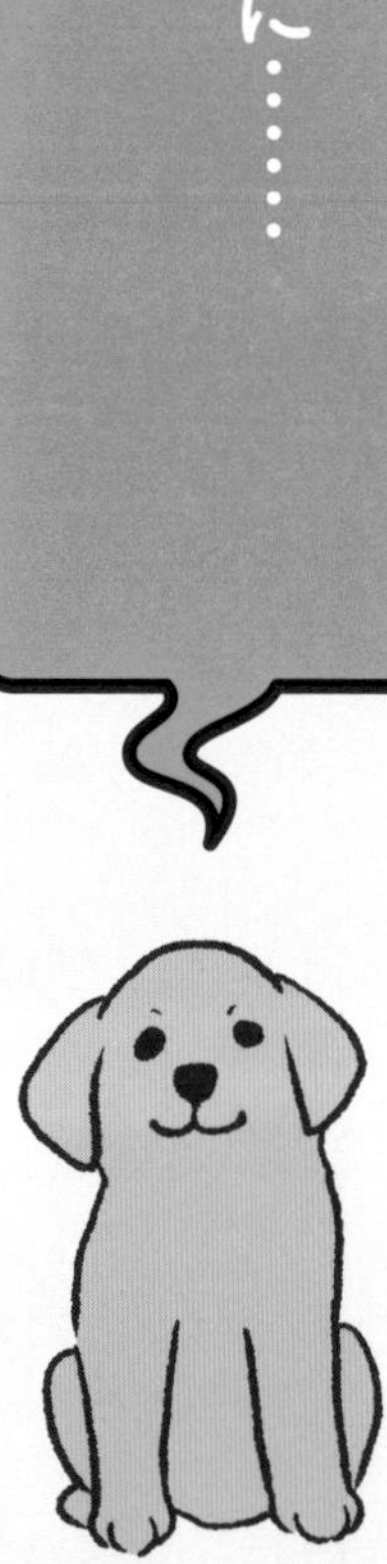

自宅介護のキホン

高反発ファイバーマットレスがおすすめ

寝たきりになったり、横になることが多くなったとき、スプリング構造の高反発ファイバーマットレスを使えば、寝返りや体位変換がしやすくなり、床ずれ予防につながります。

常に気にかけてあげる

床ずれができやすい頬、肩、腰、前足首、後ろ足首などをチェックする習慣をつけ、２～３時間おきに体位変換してあげてください。排泄物で体が汚れたままにならないように、マットレスのチェックも忘れずに。

通気性のいいカバーを

マットレスにかぶせるカバーは、通気性のいいダブルラッセルメッシュ生地のものを選びます。床まで漏れない防水仕様、さらにまるごと洗うことができるタイプが理想です。

ワンプラスPOINT

自宅で介護してあげたいけれど、仕事などでどうしてもできないという人もいるでしょう。その場合、老犬ホームや犬用の介護施設を利用する方法もあります。ただし、費用は１ヶ月あたり10万円前後になることもあるので十分な蓄えが必要になります。

距離、院内の清潔感、先生の信頼度……動物病院選びはココをチェック

イヌを飼うと、動物病院（かかりつけ医）と長くつきあうことになります。ワクチン接種や定期健診、なにかあったときの診療など、さまざまな形でお世話になるので、動物病院は慎重に選ばなくてはいけません。では、動物病院選びはなにを基準にすればいいのでしょうか。ここでは、そのポイントを紹介します。

POINT 1 自宅から近いほうがいい

名医と評判の動物病院であっても、自宅から1時間以上離れたところに通うのはなかなかしんどいもの。それはイヌにとっても同じで、調子が悪いのに長時間移動させるのはかわいそうです。急病の場合、治療の開始が遅れてしまうリスクもあります。かかりつけ医は自宅から近いに越したことはありません。

POINT 2 生の情報を大事に

口コミは何事においても重要です。動物病院の公式ウェブサイトや案内を見ても、基本的にはプラスの情報しか書いてありませんから、知り合いのペット仲間からその病院の実情を聞ければ有力な判断材料になります。インターネットの情報はすべて鵜呑みにはできませんが、参考程度に確認しておくといいでしょう。

POINT 3 自分の目で見て最終判断

いろいろな情報を元に検討したら、最後は自分で実際に見て決めましょう。本当に信頼できそうなのか、愛犬の命を預けられそうなのか、自分なりに判断した結果、「OK」ということならば、その動物病院をかかりつけ医にしてください。

初めて訪れる動物病院のチェックポイント

明朗会計

動物病院は自由診察のため、料金体系がさまざまです。精算後に明細が記載された領収書をもらえるか、その料金は他院と比べて高すぎないかを確認しておきましょう。

清潔感

待合室や診察室が清潔かどうかは重要です。感染症の予防という意味でも、清潔感のない動物病院はNGです。

設備の充実度

医療設備がそろっていない場合、検査や治療のために別の動物病院へ行かなくてはならなくなります。

先生の知識や技術

幅広い知識があり、高い技術力をもっている先生やスタッフが理想です。また、特殊な診察や高度な治療を行う２次診察を受けなければならなくなったとき、大学病院や専門の病院を紹介してくれると安心です。

説明の丁寧さ

病気や治療について飼い主に丁寧に説明してくれるか、飼い主の質問にしっかり答えてくれるかもチェックしましょう。

先生との相性

人と人には相性があります。「この先生とは合わないかも……」という場合、ほかの病院にしたほうが無難かも。無理をすると、後々、後悔することになりかねません。

ワン プラス POINT

かかりつけ医は、できるだけ変更しないほうがいいです。子犬の時期からの検査・診察情報が記録として残っていれば、病院側がそのときの健康状態を把握しやすいですし、病気の治療もスムーズに行うことができるからです。

病院キライ、大キライ！愛犬の病院嫌いを克服するには？

残念ながら（？）、動物病院が好きなイヌはそれほど多くありません。ほかの家のペットと居合わせたり、知らない人（獣医師やスタッフ）に体を束縛されたり、痛い注射をされたりと、イヤなことばかりされるのだから、当然といえば当然です。でも、診察を受けないわけにはいきません。病院嫌いのわんこはどうすればいいのでしょうか？

POINT 1 子犬時代に予防する

子犬のうちは「動物病院＝イヤな場所・怖い場所」とインプットされていません。そこで子犬時代にちょくちょく病院へ遊びに連れて行き、スタッフにかわいがってもらったりすると、苦手意識をもたなくなります。成犬の場合、子犬ほどすんなりといかないかもしれませんが、そのプロセスは同じです。

POINT 2 嫌がってもしからない

待合室で吠えまくる、診察台に乗ろうとしない、獣医師を威嚇して暴れる……。そんな愛犬の姿を見ていると、飼い主としてしかりたくなってしまうという人もいるでしょう。でも、しかってはいけません。ますます病院嫌いになってしまいます。

POINT 3 なだめすぎない

わんこは不安な状態のときに「平気だよ、大丈夫だよ」などと話しかけられると、「なぜやさしくしてくれるの？」と混乱し、どう振る舞っていいのかわからなくなってしまいます。不安そうなときには話しかけるより、静かに名前を呼んであげるくらいがちょうどいいのではないでしょうか。

病院でのストレスを軽減させるテクニック

診察時間まで外で待つ

病院独特のニオイや、待合室でほかの家のペットと居合わせるのを嫌がるイヌは多いもの。診察時間になるまで外で待機したり、散歩したりしていれば、そのストレスがなくなります。なお、コロナ禍では多くの病院が予約制をとっており、時間まで外で待っていなければならないので、時間に余裕をもって通院するようにしてください。

“連れ”と一緒に行く

多頭飼いをしているなら、ふだん一緒にいるわんこに動物病院まで一緒について来てもらいます。少しでも気がまぎれるのではないでしょうか。

診察室までつき添わない

通常、飼い主は診察室に同行しますが、わんこは飼い主が近くにいると助けを求めてしまいがちです。飼い主は待合室にとどまり、診察時には獣医師とスタッフにまかせると、案外、上手くいくかもしれません。

注射は注意をそらす

注射が苦手なわんこは多いです。人も注射を刺す瞬間、目を背ける人が多いですが、わんこにも見せないほうが上手くいきます。愛犬の目を見て、顔や体をなでたり、トントンしたりして気をまぎらわせているうちに、チクッとすればすんなり終わります。

定期的に健康診断を受けて愛犬の健康を維持しよう

イヌには1年に1～2回の定期的な健康診断が必要です。イヌの健診は動物病院で受けることができ、身体検査、血液検査、尿検査、糞便検査などの基本的検査から、レントゲン検査、超音波検査、体脂肪測定までいろいろあります。なにを受けるかは、年齢や健康状態を考慮し、獣医師と相談して決めるといいでしょう。

POINT 1 健診はかかりつけ医で

健診はふだんお世話になっているかかりつけの動物病院で受けるのがベスト。費用はいくつかの検査項目を組み合わせて数千円、1日ドックの料金の中央値は1万4,000円ほどになっています。詳細は病院に問い合わせてください。

POINT 2 健康なときこそ受ける

若いわんこや健康なわんこと毎日を過ごしていると、「健診に行くのめんどくさい。来年からでいいや」などとなりがちです。でも、健康なら健康なときの状態を知っておくことが大切です。それを把握していれば、異常を早期に発見したり、病気の原因を探るのに役立ったりするからです。「コストがかかる」というかもしれませんが、愛犬の健康が蝕まれる可能性を考えたら決して高いとはいえないでしょう。

POINT 3 若いときは年1、シニアは年2で

若くて健康なわんこの場合、6歳くらいまでは1年に1回の健診でいいでしょう。7歳以上のシニアになったら、半年に1回は健診を受けて健康維持につとめてください。

こんな検査が受けられる

血液検査

血液検査は定期健診で最も基礎的な検査。採血によって貧血、血糖値、高脂血症の有無、肝臓や腎臓の機能などを調べることができ、全身のおおまかな状態がわかります。

レントゲン検査

骨の異常、臓器の大きさ・位置の異常、膀胱や腎臓の結石の有無などを調べることができます。

超音波検査

腹部の超音波検査によって、肝臓や腎臓、腸の状態、腫瘍の有無などを調べることができます。

検便・検尿

うんちの検査では寄生虫の有無などを、おしっこの検査では結晶が出ていないかなどを知ることができます。

痛いけどがまん、がまん……ワクチン接種で愛犬を感染症から守る！

愛犬を感染症から守るために、そして人とイヌがともに暮らすために、欠かすことのできないものがワクチンです。動物病院で接種してもらいますが、何種類かあり、メリットだけでなくデメリットもあります。飼い主としては、ワクチンに関する知識をしっかり頭に入れてから接種したいところです。

POINT 1 ワクチンについて知る

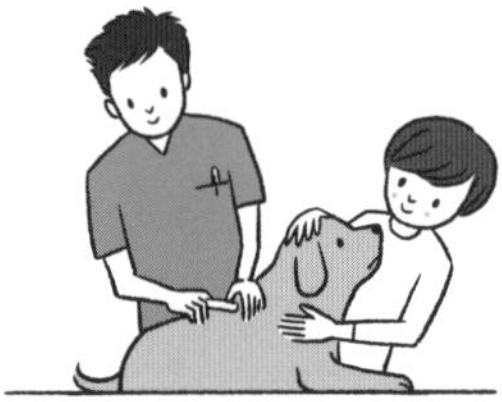

ワクチンとは、弱毒化した病原体を体内に入れて人為的に病気に感染させ、抗体をつくることによって、その病気に感染しないようにするしくみのことです。日本では狂犬病を防ぐ狂犬病ワクチンと、複数の病気を防ぐ混合ワクチンを1年に1回接種するのが一般的です（成犬の場合）。狂犬病ワクチンの接種は法律で義務づけられています。

POINT 2 こんなときは接種をひかえる

ワクチン接種では、病原体を体内に入れるので、わんこの体調が良好な日に行うべきです。元気がない、疲れている、風邪ぎみ、下痢ぎみといったときは、接種をひかえたほうがいいでしょう。

POINT 3 副作用に注意！

ワクチン接種後、重篤な全身症状であるアナフィラキシーショックや、嘔吐、顔の腫れなどが引き起こされることがあります。ホットタイムは数分～30分ですが、念のため2時間は様子を見てください。午後に接種して夜にかけて発症した場合、動物病院で対応しにくいので、午前中のうちに接種するようにしましょう。

混合ワクチンってなに？

<table>
<tr><td>1</td><td>ジステンパーウイルス
初期は発熱や食欲低下が見られ、重篤化すると麻痺や痙攣などを引き起こします。有効な治療法がなく、致死率が高いです。</td><td rowspan="5">5種混合</td></tr>
<tr><td>2</td><td>アデノウイルスⅠ型
急性の肝炎を引き起こすほか、嘔吐や黄疸なども見られます。</td></tr>
<tr><td>3</td><td>アデノウイルスⅡ型
風邪のような症状が出ます。致死率はそれほど高くありませんが、複合感染により重篤化することも。</td></tr>
<tr><td>4</td><td>パラインフルエンザ
咳や発熱、鼻水などの重い風邪のような症状が出ます。単独での致死率はあまり高くありませんが、複合感染で症状が重くなります。</td></tr>
<tr><td>5</td><td>パルボウイルス
下痢や嘔吐、脱水症状などの症状が現れ、重症になるとショック症状を起こして死に至ることも。とくに子犬の致死率が高いです。</td></tr>
<tr><td>6</td><td>コロナウイルス※新型コロナウイルス感染症（COVID－19）とは異なる。
嘔吐と下痢を繰り返します。パルボウイルスなどと複合感染すると、重篤化する可能性が高まります。数種類のタイプがあります。</td><td>6種混合</td></tr>
<tr><td>7</td><td>レプトスピラ病Ⅰ
発熱、出血、黄疸などの症状が現れます。進行すると腎不全などに発展することもあります。数種類のタイプがあります。</td><td>7種混合</td></tr>
<tr><td>8</td><td>レプトスピラ病Ⅱ
発熱、出血、黄疸などの症状が現れます。進行すると腎不全などに発展することもあります。数種類のタイプがあります。</td><td>8種混合</td></tr>
<tr><td>9</td><td>レプトスピラ病Ⅲ
発熱、出血、黄疸などの症状が現れます。進行すると腎不全などに発展することもあります。</td><td>9種混合</td></tr>
</table>

※７種・８種・９種はレプトスピラ病の株違いをそれぞれカウントしたもの。

ワン プラス POINT

ワクチン接種の費用は動物病院によって異なりますが、狂犬病ワクチンが3,000～10,000円、５～６種混合ワクチンで5,000～7,000円、７～８種混合ワクチンで6,000～9,000円がおおよその目安になります。

病気や怪我をしたときに備えて ペット保険に加入しておこう

イヌを飼うと、なにかと出費をともないます。なかでも大きいのが病気や怪我をしたときの費用。検査や入院、手術などの診療に決して安くない費用を支払わなければなりません。そんな事態に備えて加入しておきたいのがペット保険です。各社さまざまなプランを用意しているので、よく検討して選びましょう。

POINT 1 保険のキホンを知る

ペット保険とは、所定の保険料を支払うと、病気や怪我で入院や治療をした場合に一定割合の保険金を受けとれるというもの。保険に入っていない場合、動物病院でかかった診療費は飼い主の100%自己負担ですが、入っている場合、診療費の一部を負担すれば済みます。

POINT 2 若いうちに加入する

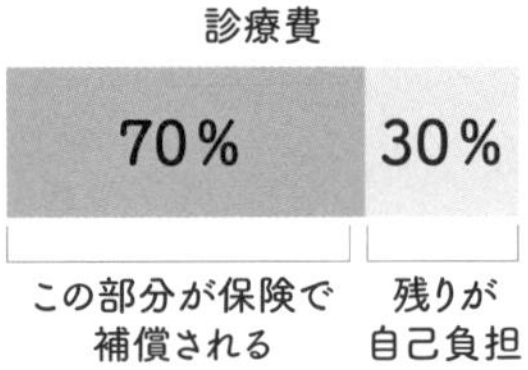

ペット保険の加入に際して大きな問題になるのは年齢です。多くの場合、加入できるイヌの年齢の上限を7～8歳としています。また、年齢が高くなるほど保険料も高額になります。シニアになれば病気や怪我も増えるので、若いうちに保険に入っておいたほうが安心です。

POINT 3 不安なら相談を

初めて保険を選ぶという人は、保険の代理店はもちろん、ペット仲間や動物病院の獣医師・スタッフなどにも相談してみるといいでしょう。代理店は取り扱い商品のメリットだけでなく、デメリットに関してもはっきり説明してくれるところが信頼できます。

ペット保険加入時に検討すべきポイント

保険料はいくらか

月々の保険料は保険会社、商品によって異なります。犬種や加入時の年齢によっても変わります。そして毎年あるいは数年ごとにアップしていくため、保険に加入し続けたときのトータルの保険料を押さえておくことも大切です。

加入できるかどうか

ペット保険に加入できるイヌの年齢は７～８歳までというケースが多いです。また、先天性の病気があったり、すでにがんや糖尿病などを患っていたりすると基本的に加入できません（最近、里親犬に限ってがんなどを患っていても加入できるサービスが始まりました）。

保険がどこまで適用されるか

ほとんどの保険はワクチン接種、不妊・去勢手術、契約者（飼い主）の故意や重過失による怪我などを補償の対象外としています。また、入院１日あたり、手術１回あたりの限度額なども設けられているので、確認が必要です。

ワン プラス POINT

わんこが15年ほど生きるとした場合、その生涯にかかる諸費用の総額は約200万円といわれています。年間平均は約13万円。病気や怪我の診療費は高額になりがちなので、安心して暮らすためにもペット保険への加入をおすすめします。

いつかやってくる別れのとき……飼い主として愛犬にしてあげたいこと

どんなにかわいがっていたとしても、どんなに健康に気をつけていたとしても、愛犬にはいつか必ず最期のときが訪れます。老衰や病気で亡くなるケース、事故で亡くなるケース、死にもいろいろあるでしょう。いずれにせよ、飼い主としては、その場に一緒にいて、適切な対応をしてあげたいものです。

POINT 1　死の兆候はわかる

わんこの多くは死に近づくと、いつもとは違った様子を見せるでしょう。食べ物や水にほとんど口をつけなくなったり、呼吸が荒くなったり。横たわったまま排泄してしまうこともあります。さらに死期が迫ると、呼吸困難になったり、痙攣を起こしたりすることも珍しくありません。

POINT 2　できるだけそばにいて！

愛するわんこが苦しむ姿を見ているのは本当につらいものです。でも、そんな光景に目を背けず、できるだけそばにいてあげてほしいと思います。そして、やさしく話しかけ、そっと体をなでてあげてください。その思いは、きっと愛犬に伝わるはずです。

POINT 3　埋葬方法を考える

愛犬の遺体は火葬した後、自宅やお寺でお骨《こつ》を供養するのが一般的です。自宅の庭など私有地に土葬することも可能です。火葬や葬儀は専門の業者に依頼することができますが、そのサービス内容や料金はさまざまなので、HPや電話できちんと確認して選びましょう。

お別れまでに済ませよう

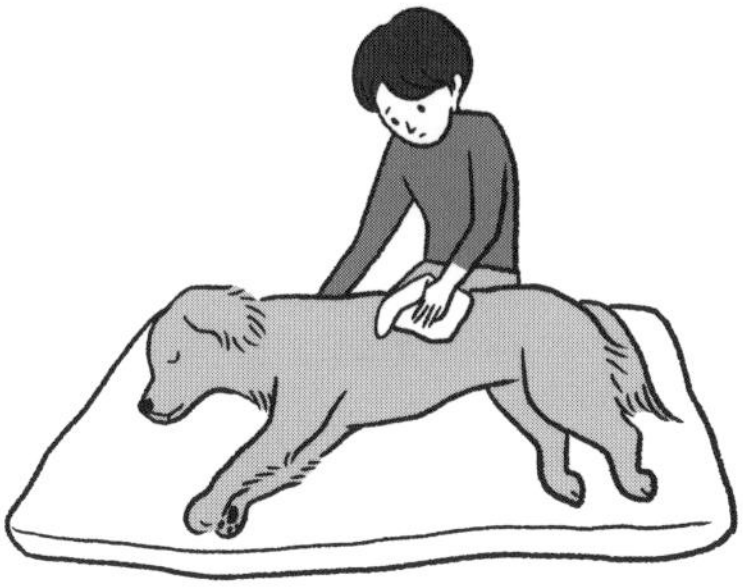

①体をきれいにしてあげる

息を引きとったわんこは、まもなく死後硬直が始まります。その前に体をきれいにしてあげます。まぶたや口をそっと閉じ、口やお尻から体液が出てきたらガーゼでふきとります。トイレシートの上に寝かせると、体液による汚れを気にせずに済みます。落ち着いたら、ブラシで毛並みを整えてあげましょう。

②棺に入れて安置する

わんこの体に合った棺を用意し、タオルなどを敷いた上に遺体を入れます。花や愛用のおもちゃを入れてあげてもいいですね。また、遺体が傷まないように、おなかの部分に保冷剤を入れてください。そして涼しい場所に安置します。

③最後の時間を過ごす

火葬・葬儀までの間が、愛犬との最後の時間になります。家族がいればみんなで思い出話などをして送ってあげましょう。

ワンプラスPOINT

火葬や葬儀を請け負ってくれる業者は、わんこが生きているときから調べておくといいでしょう。動物病院で尋ねると、信用できる業者を教えてくれることが多いです。サービス内容や料金体系が複雑な場合、愛犬が亡くなった直後では冷静な判断ができないことがあります。万一に備えることは重要です。

悲しくつらい愛犬との別れ……ペットロスから立ち直るには？

最近、「〇〇ロス」という言葉がよく聞こえてきます。愛犬を亡くした飼い主は、はかり知れない悲しみに襲われ、「ペットロス」と呼ばれる喪失感にあふれた状態に陥るでしょう。重症化すると、心身を病んでしまうことさえあります。誰もが避けられない愛犬との別れ。その悲しみとどのように向き合えばいいのでしょうか？

POINT 1 思いっきり泣く

悲しくてやりきれない感情を抑圧するのは、精神衛生上、よいことではありません。自分ひとりだけのとき、あるいは気を許せる家族・友人と一緒にいるときに、がまんせずに思いっきり泣いて感情を解放しましょう。

POINT 2 経験者に話をする

家族・友人でも、愛犬を失った悲しみを心から理解してくれるとは限りません。それはある意味、仕方のないことです。ペット仲間やペットロスの経験のある人がいれば、話を聞いてもらいましょう。

POINT 3 次のペットを迎え入れる

愛犬が亡くなって一定の期間が過ぎると、少しずつ心が安定していきます。もし心に余裕ができたら、次のペットを迎え入れてはどうでしょうか。もちろん、その子はあなたが愛していたわんこの代わりではありませんが、新たな出会いが悲しみに区切りをつけるきっかけになるかもしれません。

愛犬の死と向き合おう

ペットロスになると……①

精神的には深く落ち込み、喪失感にさいなまれます。「別の治療法を選べばよかった」「もっと遊んであげればよかった」など後悔や罪悪感にとらわれたり、無気力になってなにも手につかなくなってしまいます。

ペットロスになると……②

肉体的には倦怠感が出たり、頭痛、めまい、胸の痛み、胃の痛みなどを感じたりすることがあります。睡眠障害や摂食障害を発症するケースも見られます。

あえて悲しみにひたる時間を確保する

家族同様に過ごしてきた愛犬を失うということは、想像以上に苦しいもの。悲しみを克服するまで時間がかかるかもしれませんが、感情を無理に抑え込まないで。ときには最愛の子のことを思い出し、思いっきり泣いて悲しみにひたってください。

プラスワンPOINT

星になったわんこのことを思い出してみてください。あなたから心から愛されていた子が、悲しみにふさぎこんでいるあなたの姿を見て、どのように思うでしょうか。その子はきっと、あなたに元気でいてほしいと思っているはず。その子のためにも、なるべく早く立ち直ってあげましょう。

カンタン健康チェック

毎週〜毎月チェックしよう！

☑体重は変わっていない？

体重が大きく増えたり、減ったりしていないか？　イヌも体重の増減はありますが、大きな変動を見せた場合は要注意です。

☑耳はきれい？

耳垢がたまっている、悪臭がする、湿疹ができているなどの変化がないか？　ちゃんと音に反応するかどうかもチェック。

☑口のなかはきれい？

歯石がたまっていたり、歯茎が赤く腫れていないか？　口臭はないか、よだれの量に変化がないか？

☑皮膚に異常はない？

全身の皮膚に汚れやニオイ、かゆみがないかをチェック。ふだんはあまり見ないおなかなどの皮膚も確認します。

☑肛門腺はきれい？

肛門腺の分泌液を絞り出さないと、たまりすぎて炎症を引き起こすことがあります。シャンプー時にそうじしてください。

☑体にしこりはない？

皮膚や乳腺など、体の表面を中心に腫瘍がないかを調べます。骨・関節やリンパ節が変形していないかも確認。

☑シャンプーはした？

散歩中についた汚れなどをキレイに洗い流します。耳や皮膚を同時にチェックしてもいいでしょう。

☑爪は切った？

爪が伸びすぎていないか？　割れたり、摩耗していたりしないか？

☑発情時期は問題ない？

イヌの発情期には一定のサイクルがあります。そのサイクルが異常に短かったり、長すぎたりしないか注意します。

毎日チェックしよう！

元気はある？

イヌは目や耳、しっぽなどを使って感情を表現する生き物。そうした表現が鈍くなっていないか、体全体から躍動感を感じるか？

食欲はいつもどおり？

ごはんをいつもどおり食べたか？　いつもの量を残したり、食べる速度が遅くなっていたりしないか？　水を飲む量はいつもと同じか？

おしっこに異常はない？

おしっこの色やニオイ、勢いなどに変化はないか？　トイレに行く回数や所要時間に変化はないか？

うんちに異常はない？

うんちの色やニオイ、硬さなどに変化はないか？　トイレに行く回数や所要時間に変化はないか？

目に異常はない？

目やには多くないか？　目をかいたり、かゆがっていたりしないか？　黒目が白く濁っていないか？　左右の対称性は正常か？

皮膚に異常はない？

皮膚に湿疹ができていないか？　脱毛が多すぎないか？

四肢の先端に異常はない？

爪や肉球が傷ついていたり、炎症を起こしていたりしないか？

ヘンな動きをしていない？

体のどこかに痛みを感じていると、動作の滑らかさが失われます。歩き方がぎこちなくないか、どこかをかばっていないか、特定のポーズで痛みを感じていないか？

ノミやダニはついていない？

散歩中にノミやダニがつくことがあります。とくに草むらなどを通ったときには、帰宅時にチェックしてください。

年に1度はチェックしよう！

☑血液検査に異常はない？

健康診断のときに検査。貧血、脱水、炎症、腎不全、糖尿病、膵炎、ホルモン異常などを発見するきっかけになります。

☑レントゲン検査に異常はない？

健康診断のときに検査。内臓疾患の疑いがないかなどを調べます。

☑尿検査に異常はない？

腎臓・泌尿器系の病気がないかどうかなどを調べます。

☑検便に異常はない？

うんちのなかに寄生虫の卵がないかどうかなどを調べます。

イヌと人間の年齢比較

小型～中型犬	人間
1ヶ月	1歳
2ヶ月	3歳
3ヶ月	5歳
6ヶ月	9歳
9ヶ月	13歳
1年	15歳
2年	24歳
3年	28歳
4年	32歳
5年	36歳
6年	40歳
7年	44歳
8年	48歳
9年	52歳
10年	56歳
11年	60歳
12年	64歳
13年	68歳
14年	72歳
15年	76歳
16年	80歳
17年	84歳
18年	88歳
19年	92歳
20年	96歳

大型犬	人間
1ヶ月	1歳
2ヶ月	3歳
3ヶ月	5歳
6ヶ月	7歳
9ヶ月	9歳
1年	12歳
2年	19歳
3年	26歳
4年	33歳
5年	40歳
6年	47歳
7年	54歳
8年	61歳
9年	68歳
10年	75歳
11年	82歳
12年	89歳
13年	96歳
14年	103歳
15年	110歳

生後5ヶ月くらいまでが子犬時代で、小型～中型犬は1年半くらい、大型犬は2年くらいで成犬になります。そして小型～中型犬は11年くらい、大型犬は8年くらいでシニア時代を迎え、次第に衰えが見えてきます。

※上記の表は目安であり、犬種や飼育状況などによって個体差が生じます。

参考文献

『イヌを長生きさせる50の秘訣』（臼杵新・著、ＳＢクリエイティブ）

『新装版 犬にいいものわるいもの』（臼杵新・監修、造事務所・編著、三才ブックス）

『愛犬が長生きする本』（臼杵新 須崎大・監修、宝島社）

『犬のための家庭の医学』（野澤延行・著、山と渓谷社）

『愛犬をケガや病気から守る本』（愛犬の友編集部・編集、誠文堂新光社）

『犬のツボ押しＢＯＯＫ』（石野孝 相澤まな・著、医道の日本社）

『4歳からはじめる愛犬の健康生活習慣』（三浦裕子 伊藤みのり・著、ナツメ社）

『決定版 犬と一緒に生き残る防災ＢＯＯＫ』ＡＮＩＣＥ 村中志朗・監修、日東書院本社）

※そのほか、数多くの新聞記事やウェブサイトの記事を参考にしました。

監修者紹介

臼杵新

うすき・あらた

獣医師、ウスキ動物病院（埼玉県さいたま市桜区）院長。1974年生まれ。麻布大学獣医学部獣医学科卒業の後、野田動物病院（神奈川県横浜市港北区）などでの勤務医を経て、現職。「動物と飼い主の両方を幸せにする治療」がモットー。著書に『イヌの老いじたく』『イヌを長生きさせる50の秘訣』（SBクリエイティブ、サイエンス・アイ新書）、監修書に『猫にいいものわるいもの』『犬にいいものわるいもの』（三才ブックス）、『ネコのカラダにいいこと事典』（世界文化社）などがある。

カバー・本文デザイン	清水真理子（TYPEFACE）
イラスト	いわせみつよ
校正	株式会社円水社
編集	株式会社ロム・インターナショナル
	中野俊一（世界文化社）

ウチのワンコが長生きする！

イヌのカラダにいいこと事典

発行日　　2021年6月25日　初版第1刷発行

監　修　　臼杵 新
発行者　　秆山和輝
発　行　　株式会社世界文化社
〒102-8187
東京都千代田区九段北4-2-29
電話　03-3262-5124（編集部）　03-3262-5115（販売部）

印刷・製本　株式会社リーブルテック

ISBN978-4-418-21409-9